高等学校机械类专业系列教材

数值计算方法及实验

主编 田晓庆 田 聪 周传平
王 班 杨子依

西安电子科技大学出版社

内 容 简 介

本书系统介绍了几类常见数学问题的近似解法，并结合近年来高等教育教学改革要求，添加了几种典型算法的程序，以便更好地培养学生运用计算机解决数学问题的思维方式。本书具有较强的工程实用性。

本书共 7 章。为增加学生对数值计算方法及实验课程的整体认识和了解，开篇为数值计算方法概论。其余六章内容分别为非线性方程的数值解法、线性方程组的直接法、线性方程组的迭代法、插值法与最小二乘拟合法、数值积分与数值微分及常微分方程的数值解法。每种典型算法均配有相应的计算机程序，方便读者学习。本书各章内容相对独立，使用者可以根据需求进行取舍。各个章节均配有一定的例题及课后习题，书后附有部分习题的参考答案。

本书既可作为高等院校机械工程、电气工程、海洋工程等专业和相关专业培训班的教材，也可供相关领域的科技人员学习参考。

图书在版编目（CIP）数据

数值计算方法及实验 / 田晓庆等主编. -- 西安 ：西安电子科技大学出版社，2025. 4. -- ISBN 978-7-5606-7583-1

Ⅰ. O241

中国国家版本馆 CIP 数据核字第 2025HY1361 号

SHUZHI JISUAN FANGFA JI SHIYAN

策　　划　陈　婷

责任编辑　陈　婷

出版发行　西安电子科技大学出版社（西安市太白南路 2 号）

电　　话　(029) 88202421　88201467　　邮　　编　710071

网　　址　www.xduph.com　　电子邮箱　xdupfxb001@163.com

经　　销　新华书店

印刷单位　陕西日报印务有限公司

版　　次　2025 年 4 月第 1 版　2025 年 4 月第 1 次印刷

开　　本　787 毫米×1092 毫米　1/16　　印　　张　10

字　　数　230 千字

定　　价　28.00 元

ISBN 978-7-5606-7583-1

XDUP 7884001-1

＊＊＊如有印装问题可调换＊＊＊

前　言

近年来，随着计算机科学技术与计算数学的发展，使用计算机对工程问题进行数值计算与分析已成为主流方法。数值计算方法与计算机密切结合，既有传统数学的抽象性和缜密性，也不乏实验的技术性和广泛的应用性等特点，因此，数值计算方法及实验既是众多理工科专业必修的公共基础课，也是研究生的重要基础课程。

根据一流本科课程建设中坚持知识、能力、素质有机结合的培养模式，本书从数值计算方法的基本理论、主要方法入手，对各种数值算法的收敛性和稳定性进行了分析，接着引入主要算法的程序，以更好地培养读者的科学素养和解决实际问题的能力。

本书以理论学习、程序编写为基础，具有如下特点：

(1) 各章内容相对独立，且每章都有本章小结，简明扼要地介绍了该章的主要内容，方便读者进行取舍。

(2) 较重要的算法均配有相应程序，方便读者理解。

(3) 各章后均配有较充足的习题，书末附有大部分习题的参考答案，可供有兴趣的读者练习。

本书由田晓庆、田聪、周传平等编写。田晓庆主要负责架构及主要内容规划，并完成部分章节初稿。田聪主要负责全书程序的编写、内容的校对、格式的编排，并配合完成部分章节的初稿。周传平主要负责第 4 章、第 5 章和第 6 章详细内容设计和部分初稿编写，并配合完成全书内容校对。王班主要负责第 7 章的编写。杨子依主要负责各章例题与习题的编写并提供相应的解答方法及习题答案，同时配合完成全书内容的校对。

在编写本书的过程中，编者参考了多本相关教材，感谢杭州电子科技大学教材项目的支持，也感谢曾然、蒋云磊在本书编写中给予的帮助。

限于编写时间和自身能力，书中难免存在疏漏，恳请广大读者批评指正。

编　者

2024 年 10 月

目　录

第 1 章

数值计算方法概论

本章简要介绍数值计算方法的基本内容和特点，讨论误差的基本理论、数值算法的稳定性以及数值算法设计的原则。

1.1 数值计算方法的基本内容与特点

数值计算方法也称为数值分析或计算方法，是研究使用计算机求解各种数学问题的方法、理论及其软件实现，并对求得的结果进行分析的一个数学分支。这里所说的求解数学问题，指给出一组数值型数据(已知条件)，根据问题所满足的性质去求另一组数值型数据(求解结果)，如函数值的计算、方程组的求解等。使用计算机求解数学问题时，一般需要通过离散化逼近、插值、迭代等方法才能得到结果。通过有限次的四则运算在计算机上求解数学问题的方法通常称为数值方法(numerical method)，也称为科学计算(scientific computation)，求得的近似解(approximat solution)通常称为数值解(numerical solution)。

数值计算方法以各类数学问题的数值方法为研究对象，构造求解科学与工程领域中各种数学问题的数值算法，研究算法的数学机理，对求得或将要求得的解的精度进行分析评估，通过编程和上机实现算法并求得结果，分析数值结果的误差，同时与相应的理论结果和可能的实验数据进行对比验证。

应用计算机解决实际问题的基本过程如下：

实际问题→数学模型→数值算法→程序设计→计算结果→结果分析

应用有关科学知识和数学理论，由实际问题建立数学模型这一过程通常被认为是应用数学的任务，而根据数学模型提出数值算法、进行程序设计、上机计算结果和分析结果这些工作则属于数值计算方法的研究内容。数值计算方法及实验是一门与计算机使用密切结合且实用性很强的课程，它既有纯数学的高度抽象性与严密科学性的特点，又有实际实验的高度技术性和应用广泛性特点。由于计算机的工作能力有限，人们设计的算法必须使得计算机能够接受。例如，要计算一个定积分，则需要预先将求定积分的问题转化为初等运算和初等函数构成的计算问题(本书中将介绍相应的方法)，因为计算机语言中并不能直接接受“定积分”这个数学概念。由于计算机的计算能力有限，人们设计的算法应该具有较高的效率。例如，线性代数中已经介绍了线性方程组解的存在唯一性理论和 Cramer 法则等精确解法，但用这些理论和方法还不能直接在计算机上求解线性方程组，因为，用 Cramer 法则求解一个 n 阶线性方程组要计算 $n+1$ 个行列式的值，总共需要 $(n-1)(n+1)n!$ 次乘法，当阶数大时，计算量将相当惊人，如对于一个 20 阶的线性方程组，就要做大约 10^{21} 次乘法，即使用计算速度达每秒百亿次的计算机，这项计算也需要连续工作几十年才能完成，这自然是没有意义和价值的计算，而采用消元法(本书第 3 章将介绍相应的方法)求解一阶线性方程组，大约需要 $n^3/3+n^2$ 次乘法，对于 20 阶的线性方程组，使用普通微型计算机编程，可在数秒内求出答案。

在求解科学与工程计算问题时，不同的算法适合不同的问题，因此需要根据问题的性质设计有针对性的算法。此外，还应该根据问题的特点，研究适合在计算机上使用、满足精度要求和节省计算时间的有效算法，在实现算法时还应该根据计算机容量、字长、速度等指标，研究具体求解步骤和程序设计技巧。有些方法在理论上可能不够严谨，但通过实际计算和对比分析等手段，已被验证是行之有效的方法，也应该采用(如例 1－7)。

数值计算方法具有如下特点：

(1) 提供面向计算机、理论可靠、计算复杂性好的数值算法。数值计算方法的核心内容是研究应用计算机求解数学问题的各种方法，对每个算法进行相关的理论分析(如对近似算法要保证收敛性和数值稳定性)，并对误差进行分析。对逼近问题除达到要求的精度外还要保证算法在计算机上切实可行，这就要求算法有好的时间复杂性和空间复杂性。

(2) 强调完成从理论到实践的全过程。数值计算方法是一门实践性很强的数学课程，每个算法除了理论上要正确可行外，还要通过数值实验证明是行之有效的。读者学习每个算法时都应该以解决实际问题为目的，通过编程或借助成熟的数学软件完成数值计算的训练，不仅要学会“怎样算”，而且要做到“真会算”，即不仅要知道问题的解是存在的，还要能求出具体的结果。

(3) 计算公式冗长且难以熟记。数值计算方法处理问题主要采用如下方法：

① “构造性”方法，许多问题的存在性都通过把问题的计算公式具体构造出来来证明，不但证明了问题的存在性，同时还提供了具体的计算公式；

② “离散化”方法，把求解连续变量的数学问题转化为求解离散变量的问题，如把常微分方程离散成差分方程；

③ “递推化”方法，将一个复杂的计算过程归结为简单计算过程的多次重复，以便编写计算机程序进行计算；

④ “近似替代”方法，因为计算机必须在有限次运算后停止，所以数值方法常表现为一个无穷过程的截断，即把一个无限过程的数学问题，转化为满足一定精度要求的有限步运算来近似替代。

上述方法中出现的计算公式一般多且繁杂，不易熟记。基于上述特点，读者在学习过程中：第一，要注意复习微积分、线性代数、常微分方程和高级语言程序设计方法等课程的内容，这是学习本课程的基础；第二，要理解各种方法的基本原理和思想，掌握方法处理的技巧，并注意其与计算机的结合；第三，要独立完成一定数量的习题，以复习和巩固所学内容；第四，一定要认真做好数值实验，通过编程与调试实现算法，培养和提高自己分析问题和解决问题的能力。

1.2　误差类型及有效数字

数值计算通常是近似计算，实际结果与理论结果之间存在误差。误差按照来源可分为 4 类：模型误差、观测误差、截断误差和舍入误差。数值计算方法的任务之一就是对误差进行估计和控制。

1.2.1　误差类型

1. 模型误差

如 1.1 节所述，用计算机解决数值计算问题首先要建立数学模型，但建立的模型仅仅是对实际问题进行抽象和理想化后的近似描述，因此，不可避免地会产生误差。这种数学模型与实际问题之间的误差称为模型误差(model error)。

2. 观测误差

针对实际问题建立的数学模型中通常包含若干物理参数，如温度、长度、电压、速度等，这些参数通常是通过观测和实验得来的，不可避免地会带有误差。这种误差称为观测误差 (observation error)。

3. 截断误差

根据实际问题建立的数学模型通常比较复杂，很多情况下无法获得精确解，只能用数值方法求其近似解。数学模型的精确解与数值方法的近似解之间的误差称为截断误差(truncation error)。由于截断误差是方法固有的，所以也称为方法误差(method error)。

例如，指数函数 $f(x)=e^x$ 可展开为幂级数形式：

$$e^x = 1 + x + \frac{1}{2}x^2 + \frac{1}{3!}x^3 + \cdots + \frac{1}{n!}x^n + \cdots$$

使用计算机求值时只能取有限项作为 e^x 的近似值：

$$S_n(x) = 1 + x + \frac{1}{2}x^2 + \frac{1}{3!}x^3 + \cdots + \frac{1}{n!}x^n$$

根据 Taylor 余项定理，有限项 $S_n(x)$作为e^x 的近似值的余项为

$$R_n(x) = e^x - S_n(x) = \frac{x^{n+1}}{(n+1)!}e^{\xi}$$

其中，ξ 为 0 和 x 之间的数。

上例中截取无穷级数的有限项作为无穷级数的近似值时所产生的误差就是截断误差。

4. 舍入误差

由于计算机的字长有限，原始数据以及计算过程中的数据在计算机上都只能按照一定的舍入规则保留有限位，由此产生的误差称为舍入误差(round-off error)。

数值计算方法中总是假定数学模型是准确的，因而不考虑模型误差和观测误差，主要研究截断误差和舍入误差对计算结果的影响。

1.2.2 绝对误差与相对误差

1. 绝对误差

定义 1-1 设 x 为准确值，x^* 为 x 的一个近似值，称 $E_a(x)=x^*-x$ 为近似值 x^* 的绝对误差(absolute error)，简称为误差(error)。

由定义 1-1 可以看出，误差 $E_a(x)$ 可正可负。

通常无法得到准确值，因而不能准确算出 x 的绝对误差 $E_a(x)$，只能根据测量工具或计算情况估计出误差绝对值的一个上界，即可求出一个正数 ε_a，使得

$$|E_a(x)|=|x^*-x|\leqslant\varepsilon_a$$

正数 ε_a 称为近似值 x^* 的绝对误差限(absolute error bound)。

有了绝对误差限，就可知道准确值 x 的范围，即

$$x^*-\varepsilon_a\leqslant x\leqslant x^*+\varepsilon_a$$

或表示为

$$x=x^*\pm\varepsilon_a$$

绝对误差的大小在许多情况下还不能完全刻画一个近似值的精确度。例如，测量 100 m 跑道的长度和测量一个人的身高，若它们的绝对误差都是 1 cm，显然前者的测量精确度较后者高得多，这表明描述一个量的近似值精确度时，不仅要考虑绝对误差的大小，还要考虑测量物本身的大小。为此，需要引入相对误差的概念。

2. 相对误差

定义 1-2 设 x 为准确值，x^* 为 x 的一个近似值，称 $E_r(x)=\dfrac{E_a(x)}{x}=\dfrac{x^*-x}{x}(x\neq0)$ 为近似值 x^* 的相对误差(relative error)。

在实际计算中，由于准确值 x 一般是未知的，通常用 x^* 代替相对误差 $E_r(x)$ 中的分母 x，由此得到近似值 x^* 的相对误差的近似表达：

$$E_r(x)\approx\frac{E_a(x)}{x^*}=\frac{x^*-x}{x^*}$$

相对误差 $E_r(x)$ 可正可负，它的绝对值上界称为相对误差限(relative error bound)，即若存在正数 ε_r，使得

$$|E_r(x)|=\left|\frac{E_a(x)}{x}\right|\approx\left|\frac{x^*-x}{x^*}\right|\leqslant\varepsilon_r$$

成立，则称正数 ε_r 为近似值 x^* 的相对误差限。

例 1-1 设有两个量 $x=10\pm1$，$y=1000\pm3$，求 x 与 y 的相对误差限。

解 根据定义 1-2，有

$$E_r(x)\approx\left|\frac{x^*-x}{x^*}\right|\leqslant\frac{1}{10}=10\%$$

$$E_r(y)\approx\left|\frac{y^*-y}{y^*}\right|\leqslant\frac{3}{1000}=0.3\%$$

因此，x 与 y 的相对误差限分别为 10%和 0.3%。

上例表明，y^* 与 y 的近似程度要比 x^* 与 x 的近似程度好得多。相对误差更能刻画近似值的精确度。

此外，由定义 1-1 和定义 1-2 可知，绝对误差和绝对误差限是有量纲的量，而相对误差与相对误差限是无量纲的量。

例 1-2　设 $x^*=4.32$ 是由准确值经过四舍五入得到的，求 x^* 的绝对误差限和相对误差限。

解　由已知得 $4.315\leqslant x<4.325$，于是

$$-0.005<x^*-x\leqslant 0.005$$

所以，x^* 的绝对误差限为 $\varepsilon_a=0.005$，相对误差限为

$$\varepsilon_r\approx\frac{0.005}{4.32}\approx 0.12\%$$

3. 有效数字

当一个准确数 x 有很多位时，通常按照四舍五入原则得到 x 的近似值 x^*。例如，无理数 $\pi=3.141\,592\,653\,589\,7\cdots$，按照四舍五入原则分别取 2 位和 4 位小数时，可得 $\pi\approx 3.14$ 和 $\pi\approx 3.1416$。

不管 π 取几位小数，得到的近似数的误差的绝对值都不超过末尾数数位的半个单位，即

$$|3.14-\pi|\leqslant\frac{1}{2}\times 10^{-2}$$

$$|3.1416-\pi|\leqslant\frac{1}{2}\times 10^{-4}$$

结合例 1-2 可见，四舍五入得到的近似值，其误差的绝对值都不超过其末尾数字的半个单位。

定义 1-3　设 x 为准确值，x^* 为 x 的一个近似值，如果 x^* 的误差绝对值不超过它的某一数位的半个单位，且从 x^* 左起第一个非零数字到该数位共有 n 位，则称这 n 个数字为 x^* 的有效数字(significant figures)，也称用 x^* 近似 x 时具有 n 位有效数字。

例 1-3　若下列近似数的绝对误差限都是 0.0005，它们各具有几位有效数字？

(1) $a=251.234$；(2) $b=-0.208$；(3) $c=0.002$；(4) $d=0.000\,13$

解　因为 $0.0005=\frac{1}{2}\times 10^{-3}$，是小数点后第三位的半个单位，所以 a 有 6 位有效数字(2、5、1、2、3、4)；b 有 3 位有效数字(2、0、8)；c 有一位有效数字(2)；d 没有有效数字。

定义 1-4　设准确值 x 的一个近似值 x^* 可以写成如下标准形式：

$$x^*=\pm 0.a_1a_2\cdots a_n\times 10^m$$

其中，m 为整数，$a_i(i=1, 2, \cdots, n)$是 0 到 9 中的某一数字，且 $a_1\neq 0$，如果 x^* 的绝对误差满足

$$|x^*-x|\leqslant\frac{1}{2}\times 10^{m-k},\ 1\leqslant k\leqslant n$$

则称近似值 x^* 有 k 位有效数字，分别为 a_1，a_2，…，a_k。

例 1-4 若分别取 3.1416 和 3.1415 作为无理数 π 的近似值，试确定它们的有效数字位数。

解
$$3.1416=0.314\,16\times10^{1}$$
由定义 1-4 可知，$m=1$，$n=5$。因为
$$|3.1416-\pi|=0.000\,007\,346\,5\cdots<\frac{1}{2}\times10^{-4}$$
所以，$1-k=-4$，$k=5$。因此，3.1416 作为无理数 π 的近似值具有 5 位有效数字。
$$3.1415=0.31415\times10^{1}$$
由定义 1-4 可知，$m=1$，$n=5$。因为
$$|3.1415-\pi|=0.000\,092\,653\,5\cdots<\frac{1}{2}\times10^{-3}$$
所以，$1-k=-3$，$k=4$。因此，3.1415 作为 π 的近似值具有 4 位有效数字。

上例表明准确值 x 的近似值 x^* 的每一位数字不一定都是有效数字，如 3.1415 作为 π 的近似值只有 4 位有效数字 3、1、4、1。

根据定义可知，若 x^* 是经四舍五入得到的近似值，那么它从第一个非零数字开始的所有数字都是有效数字。

1.3 数值算法设计的原则

定义 1-5 由基本运算和运算顺序的规则所构成的完整的解题步骤称为算法(algorithm)。

数学本身是严谨的，但计算机所能表示的数的位数是有限的，因而误差不可避免。用数学上通过恒等变形获得的完全等价的两个式子在计算机上分别进行运算时，结果可能会有很大差异，为了减少舍入误差的影响，设计数值算法时应遵循如下原则。

1. 尽量减少运算次数

同样一个计算问题，如果能减少运算次数，不但能节省计算时间，提高计算速度，还能减少舍入误差的积累。减少运算次数是数值计算必须遵循的原则，也是数值计算方法要研究的重要内容。

例如，计算 x^{255} 的值时，如果将 x 的值逐个相乘，要用 254 次乘法，但如果写成
$$x^{255}=x\cdot x^{2}\cdot x^{4}\cdot x^{8}\cdot x^{16}\cdot x^{32}\cdot x^{64}\cdot x^{128}$$
则只要做 14 次乘法运算。

又如，计算多项式 $P(x)=a_nx^n+a_{n-1}x^{n-1}+\cdots+a_1x+a_0$ 的值时，若直接计算 $a_kx^k(k=0,1,\cdots,n)$，再逐项相加，一共需做 $n+(n-1)+\cdots+2+1=\frac{n(n+1)}{2}$ 次乘法和 n 次加法。若采用秦九韶算法 $P(x)=\{[(a_nx+a_{n-1})x+a_{n-2}]x+\cdots+a_1\}x+a_0$，则只需要 n 次乘法和 n 次加法。

2. 避免两个相近的数相减

如果 x^* 和 y^* 分别是准确值 x 和 y 的近似值，则 $z^*=x^*-y^*$ 是 $z=x-y$ 的近似值，此时 z^* 的相对误差满足：

$$|E_r(z)|\approx\left|\frac{z^*-z}{z^*}\right|\leqslant\left|\frac{x^*}{x^*-y^*}\right|\cdot|E_r(x)|+\left|\frac{y^*}{x^*-y^*}\right|\cdot|E_r(y)|$$

所以，当 x^* 和 y^* 很接近时，z^* 的相对误差可能很大。

例如，当 $x=1000$，计算 $\sqrt{x+1}-\sqrt{x}$ 的值时，在 4 位浮点十进制数(仿机器实际计算)下直接计算得

$$\sqrt{x+1}-\sqrt{x}=\sqrt{1001}-\sqrt{1000}\approx 31.64-31.62=0.02$$

这个结果只有 1 位有效数字，如果改用公式：

$$\sqrt{x+1}-\sqrt{x}=\frac{1}{\sqrt{x+1}+\sqrt{x}}=\frac{1}{\sqrt{1001}+\sqrt{1000}}\approx\frac{1}{31.64+31.62}\approx 0.015\,81$$

则计算结果有 4 位有效数字。

上例表明，利用恒等式或等价关系对计算公式进行变形可以避免或减少有效数字的损失。

以下为几个常用的公式变换：

(1) 如果 x_1 与 x_2 很接近，公式变换为

$$\lg x_1-\lg x_2=\lg\frac{x_1}{x_2},\quad \ln x_1-\ln x_2=\ln\frac{x_1}{x_2}$$

(2) 如果 x 接近于 0，公式变换为

$$\frac{1-\cos x}{\sin x}=\frac{\sin x}{1+\cos x}$$

(3) 如果 x 充分大，公式变换为

$$\sqrt{x+c}-\sqrt{x}=\frac{c}{\sqrt{x+c}+\sqrt{x}}$$

$$\arctan(x+1)-\arctan x=\arctan\frac{1}{1+x(x+1)}$$

3. 避免除数绝对值远远小于被除数绝对值

如果 x^* 和 y^* 分别是准确值 x 和 y 的近似值，则 $z^*=\dfrac{x^*}{y^*}$ 是 $z=\dfrac{x}{y}$ 的近似值，此时 z^* 的绝对误差满足：

$$|E_a(z)|=|z^*-z|=\left|\frac{(x^*-x)y+x(y-y^*)}{yy^*}\right|\leqslant\frac{|x^*-x||y|+|x||y^*-y|}{|yy^*|}$$

$$=\frac{|E_a(x)|\cdot|y|+|x|\cdot|E_a(y)|}{(y^*)^2}$$

可以发现，若除数太小，则可能导致商的绝对误差很大。

例 1-5　在 4 位浮点十进制数(仿机器实际计算，下同)下求解线性方程组：

$$\begin{cases}0.000\,01x_1+x_2=1\\2x_1+x_2=2\end{cases}$$

解 用消元法求解方程组。首先对方程组进行形式变换，可化为

$$\begin{cases}0.1000\times10^{-4}\cdot x_1+0.1000\times10^{1}\cdot x_2=0.1000\times10^{1}\\0.2000\times10^{1}\cdot x_1+0.1000\times10^{1}\cdot x_2=0.2000\times10^{1}\end{cases}$$

再用$\frac{1}{2}(0.1000\times10^{-4})$除第一个方程再减去第二个方程，得

$$\begin{cases}0.1000\times10^{-4}\cdot x_1+0.1000\times10^{1}\cdot x_2=0.1000\times10^{1}\\0.2000\times10^{6}\cdot x_2=0.2000\times10^{6}\end{cases}$$

由此解得

$$\begin{cases}x_1=0\\x_2=1\end{cases}$$

此结果严重失真，究其原因，是因为用很小的数作除数，增大了舍入误差的量级。如果消元时先用第二个方程消去第一个方程中含 x_1 的项，即用 0.2000×10^{6} 除第二个方程再减去第一个方程，则可避免大数除以小数，且有：

$$\begin{cases}0.1000\times10^{1}\cdot x_2\approx0.1000\times10^{1}\\0.2000\times10^{1}\cdot x_1+0.1000\times10^{1}\cdot x_2=0.2000\times10^{1}\end{cases}$$

由此可解得原方程组相当好的近似解：

$$\begin{cases}x_1=0.5000\\x_2=1.000\end{cases}$$

4. 防止大数“吃掉”小数

计算机的位数有限，当参加数值计算的两个数量级相差很大时，如果不注意运算次序，就可能出现绝对值很小的数在加减运算中被绝对值较大的数“吃掉”的现象，严重影响计算结果的可靠性。

例 1－6 在 4 位浮点十进制计算机上计算：

$$A=524\,92+\sum_{i=1}^{1000}\delta_i$$

其中，δ_i 满足 $0.1\leqslant\delta_i\leqslant0.9(i=1, 2, \cdots, 1000)$。

解 若取 $\delta_i=0.9(i=1, 2, \cdots, 1000)$，按 A 的表达式计算，有

$$\delta_i=0.000\,009\times10^{5}=0.000\,00\times10^{5}$$

因此有

$$A=0.524\,92\times10^{5}+0.000\,00\times10^{5}+\cdots+0.000\,00\times10^{5}=0.524\,92\times10^{5}$$

该结果显然是错误的，这是因为运算时大数 52492“吃掉”了小数 δ_i。如果计算时先把数量级相同的 δ_i 相加，最后再加上 52492，就不会出现大数“吃”小数现象。这时有：

$$0.1\times10^{3}\leqslant\sum_{i=1}^{1000}\delta_i\leqslant0.9\times10^{3}$$

于是

$$0.524\,92\times10^{5}+0.001\,00\times10^{5}\leqslant A\leqslant0.524\,92\times10^{5}+0.009\,00\times10^{5}$$

即

$$0.525\,92\times10^{5}\leqslant A\leqslant0.533\,92\times10^{5}$$

5. 尽量采用数值稳定性好的算法

定义 1-6　如果一个算法执行过程中舍入误差在一定条件下能够得到有效控制，即初始误差和计算过程中的舍入误差不影响产生可靠的结果，则称这个算法是数值稳定的(numerical method stable)；否则，称此算法是数值不稳定的 (numerical method unstable)。

误差的传播与积累很可能会淹没真解，使计算结果变得不可靠。一个好的算法除了要满足结构简单、容易在计算机上实现、计算速度快、节省存储空间和已经经过数值实验验证行之有效等特点外，还必须在理论上保证算法具有收敛性和数值稳定性。

例 1-7　在 4 位浮点十进制计算机上计算积分：

$$I_n = \int_0^1 x^n e^{x-1} dx, \quad n = 0, 1, \cdots$$

解　利用分部积分公式，得

$$I_n = 1 - n\int_0^1 x^{n-1} e^{x-1} dx, \quad n = 0, 1, \cdots$$

即

$$I_n = 1 - nI_{n-1}, \quad n = 1, 2, \cdots \tag{1-3-1}$$

此外，容易求得 $I_0 = 1 - e^{-1} \approx 0.6321$。据此可得算法 A：

$$\begin{cases} I_n = 1 - nI_{n-1}, \quad n = 1, 2, \cdots \\ I_0 = 0.6321 \end{cases}$$

递推公式(1-3-1)也可表示为

$$I_{n-1} = \frac{1}{n}(1 - I_n), \quad n = \cdots, 2, 1 \tag{1-3-2}$$

注意到

$$I_n = \int_0^1 x^n e^{x-1} dx \leqslant \int_0^1 x^n dx = \frac{1}{n+1} \to 0 (n \to \infty)$$

取 $I_{10} = 0$ 作为出发值，可得算法 B：

$$\begin{cases} I_{10} = 0 \\ I_{n-1} = \dfrac{1}{n}(1 - I_n), \quad n = 10, 9, \cdots, 1 \end{cases}$$

利用算法 A 在计算机上从 I_0 出发，或利用算法 B 从 I_{10} 出发，就可求得 I_0，I_1，…，I_{10}。计算结果如表 1-1 所示。

表 1-1　积分 $I_n = \int_0^1 x^n e^{x-1} dx$ 的计算结果

n	I_n(算法 A)	I_n(算法 B)
0	0.6321	0.6321
1	0.3679	0.3679
2	0.2642	0.2642
3	0.2074	0.2073
4	0.1704	0.1709

续表

n	I_n(算法 A)	I_n(算法 B)
5	0.1480	0.1455
6	0.1120	0.1268
7	0.2160	0.1125
8	−0.7280	0.1000
9	7.552	0.1000
10	−74.52	0

被积函数 $x^n e^{x-1}$ 在积分区间[0，1]内总是大于零的，但利用算法 A 求出的 I_8 和 I_{10} 为负值，说明算法 A 是不稳定的。这里计算公式及计算过程的每步都是正确的，结果却出现了错误，表明初值误差和舍入误差的积累会导致计算结果的精度降低以至失去意义。

以下分析算法 A 与算法 B 的误差传播情况。

对于算法 A，设 T 是 $I_n(n=0, 1, \cdots, 10)$的近似值，则计算所使用的是递推公式：

$$T_n = 1 - nT_{n-1}$$

所以

$$T_n - I_n = (-n)(T_{n-1} - I_{n-1})$$

这说明，T_{n-1} 的误差传播到 T_n 时，被扩大了$-n$ 倍。因而

$$T_n - I_n = (-n)(-(n-1))(T_{n-2} - I_{n-2}) = \cdots = (-1)^n n!(T_0 - I_0)$$

因此，T_0 的误差传播到 T_n 时已增加了$(-1)^n n!$倍，当 n 充分大时，计算结果严重失真。采用同样的方法，对于算法 B 可得

$$T_0 - I_0 = (-1)^n \frac{1}{n!}(T_n - I_n)$$

上式表明，T_n 的误差传播到 T_0 时已变为原来的$\frac{1}{n!}$，故逆推过程算法 B 是稳定的。尽管开始计算时取 $I_{10}=0$ 是相当不严谨的，误差很大，但由于误差在传播中逐步缩小，因此计算结果是可靠的。

此例表明，在数值计算中除了研究数学问题的算法外，还必须分析计算结果的误差是否满足精度要求，否则，可能会出现类似算法 A 产生的“差之毫厘，失之千里”的错误结果。有些方法在理论上看似不够精确，但通过实际计算和对比分析等手段验证是行之有效的，也应该采用。

本章小结

本章介绍了数值计算方法的基本内容，给出了绝对误差、相对误差、有效数字和算法的数值稳定性等基本概念，讨论了误差的不可避免性及设计数值算法时为防止错误结果应该遵循的原则。数值计算方法的任务就是为使用计算机求解各种实际问题提供理论上可靠、实际

上可行、计算复杂性好(运算次数少且占用内存空间少)的算法并实现。在编程实现算法时要注意，用数学上通过恒等变形获得的完全等价的两个式子在计算机上分别进行运算时，结果可能会有很大差异，此外，设计程序时还要考虑计算机容量、字长、速度等指标。

实验 1　算法设计原则与数值稳定性验证

1. 用 Matlab 语言比较如下式子对于一组输入数字 $x=1\sim10^{-13}$ 的计算结果，并在同一坐标系下绘图展示 y_1 和 y_2，验证近似相等的数字相减的影响。

$$y_1=\frac{1-\cos x}{\sin^2 x}\ \text{和}\ y_2=\frac{1}{1+\cos x}$$

y_2 通过对 y_1 的分子和分母同时乘上$(1+\cos x)$，然后使用三角等式$\sin^2 x+\cos^2 x=1$化简得到。在无穷精度中，两种计算等价。

```
%两个相近数相减的 Matlab 行命令
y1 = zeros(13, 1);
y2 = zeros(13, 1);
j = 1;
for i = 0: 13
    x(j, 1) = 1/10^i;
    y1(j, 1) = (1-cos(x(j, 1)))/sin(x(j, 1))^2;
    y2(j, 1) = 1/(1+cos(x(j, 1)));
    j = j+1;
end
figure(1)
semilogx(x, y1, x, y2);
legend('y1', 'y2');
```

运行结果如图 1-1 所示。

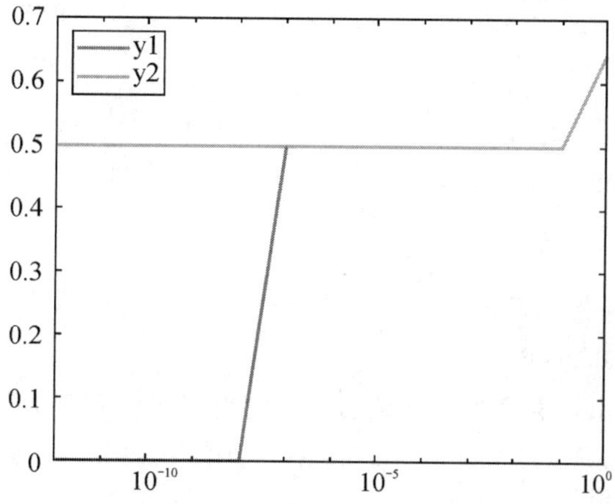

图 1-1　y_1 和y_2 的运行结果

2. 如下C++源程序和Matlab语言程序均实现按不同顺序求一个较大的数与1000个较小数的和的功能。请编译运行程序，验证大数"吃"小数现象。

```
//一个大数与多个小数相加的C++源程序
#include <iostream>
#include <iomanip>
using name space std;
void main()
float x, y, z = 123 .0, t= 3.0E-6f; int I;
x=z; y =0;       //x由大数逐次加小数，y先将小数相加后再加大数
for(i=1; i<=1000;i++)
x=x+t; y=y+t;
y=z+y;
cout
< <setiosflags(ios: : fixed) < < setprecision(5);
//设置固定的浮点格式显示，小数占5位
cout<<"x ="<<x<<endl<<"y ="<<y << endl ;
```

运行结果：

x=123.00000

y=123.00300

```
%一个大数与多个小数相加的Matlab语言程序
clc;          %清屏
clear all;    %释放所有内存变量
z=1234567890123450;
x = z;        % x由大数z逐次加小数0.1得到
y=0;          % y由逐次加小数0.1后再加z得到
fori =1 : 1000
x=x+0.1;
y=y+0.1;
end
y =z+y;
x, y
```

运行结果：

x=1.234567890123450e+015

y=1.234567890123450e+015

3. 以C语言或Matlab语言为算法语言，分别用直接法和秦九韶算法计算多项式

$$P(x)=8x^7+4x^6-x^5-3x^4+6x^3+5x^2+3x+2$$

在$x=1.37$处的值。

```
%直接法 Matlab 程序
clc;              %清屏
clear all;        %释放所有变量
a = input('请输入系数矩阵 a = ');          %从幂数最大系数项输入系数矩阵
x = input('请输入你所要求的点 x = ');      %输入 x 值
i = length(a)-1;
n =i * (i+1)/2;
P =a(1) * x^7 + a(2) * x^6 + a(3) * x^5 + a(4) * x^4 + a(5) * x^3 + a(6) * x^2 + a(7) * x+
a(8);
disp(['需要乘法次数 = ', num2str(n)]);
disp(['需要加法次数 = ', num2str(i)]);
disp(['结果 P= ', num2str(P)]);
```

运行结果：

```
请输入系数矩阵 a = [8 4 -1 -3 6 5 3 2]
请输入你所要求的点 x = 1.37
需要乘法次数 = 28
需要加法次数 = 7
结果 P= 114.4416
```

```
%秦九韶算法 Matlab 程序
clc; %清屏
clear all; %释放所有变量
a = input('请输入系数矩阵 a = ');      %从幂数最大系数项开始输入系数矩阵
x = input('请输入你所要求的点 x = ');    %输入 x 值
i = length(a)-1;
P=qinjiushao(a, x);
disp(['需要乘法次数 = ', num2str(i)]);
disp(['需要加法次数 = ', num2str(i)]);
disp(['结果 P= ', num2str(P)]);
function y=qinjiushao(A, x)
len = length(A);
    y=A(1);
    for i=1: 1: len-1
        y=y * x+A(i+1);
    end
end
```

运行结果：

```
请输入系数矩阵 a = [8 4 -1 -3 6 5 3 2]
请输入你所要求的点 x = 1.37
需要乘法次数 = 7
需要加法次数 = 7
结果 P= 114.4416
```

4. 分别用 Excel 和 Matlab 实现例 1－7 中计算定积分

$$I_n=\int_0^1 x^n e^{x-1}dx, \quad n=0, 1, \cdots, 10$$

时的算法 A 与算法 B，并在同一坐标系下绘图展示两种算法所得 n 与 I_n 的关系。

```
%Matlab 程序
clc;                  %清屏
clear all;            %释放所有变量
I0 = 1-exp(-1);
In = 0;
n = 10;
I1 =sf_A(I0, n);
I2 =sf_B(In, n);
plot(0: n, I1, 0: n, I2);
legend('算法 A', '算法 B');
%算法 A
function I=sf_A(I0, n)
I(1) = I0;
    fori=1: 1: n
        I(i+1)=1-i * I(i);
    end
end
%算法 B
function I=sf_B(In, n)
    I(n+1) = In;
    fori=1: 1: n
        I(n-i+1)=(1-I(n+2-i))/(n-i+1);
    end
end
```

运行结果如图 1－2 所示。

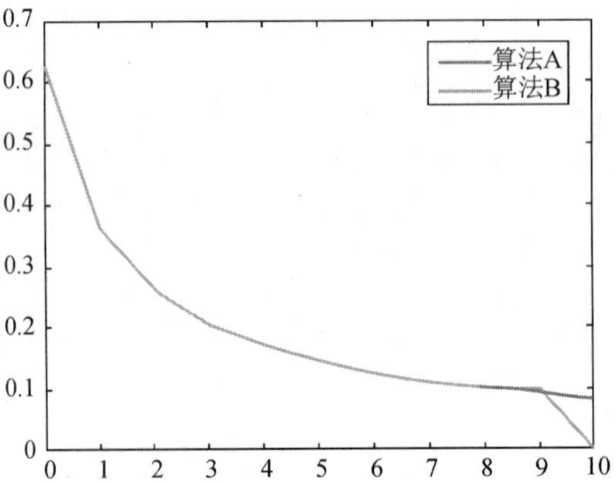

图 1－2　例 1－7 的运行结果

习　题　1

1.1　设 x 为准确值，x^* 为 x 的近似值，计算下列各种情况的绝对误差和相对误差。

(1) $x=\pi$，$x^*=355/113$；　(2) $x=\pi$，$x^*=3.1416$；

(3) $x=\mathrm{e}$，$x^*=2.7128$；　(4) $x=\sqrt{3}$，$x^*=1.7321$。

1.2　设 x 为准确值，x^* 为 x 的一个近似值，若要求相对误差限 $|E_r(x)|\leqslant 0.0001$，对于下列各准确值 x，试求近似值 x^* 的最大范围。

(1) 121；(2) 990；(3) 2005；(4) 1200；(5) 2.5。

1.3　下列各数都是经过四舍五入得到的近似值，求各数的绝对误差限、相对误差限和有效数字位数。

(1) 3235；(2) 0.0036；(3) 0.3012×10^{-5}；(4) 30.120。

1.4　已知 $\mathrm{e}=2.718\ 281\ 828\ 459\ 0\cdots$，问：

(1) 若其近似值取 6 位有效数字，则该近似值是多少？其绝对误差限是多少？

(2) 若精确到小数点后 4 位，则该近似值是多少？其误差限是多少？

(3) 若其近似值的绝对误差限为 $\frac{1}{2}\times10^{-4}$，则该近似值有几个有效数字？

1.5　已知近似值 $x_1=1.420$，$x_2=-0.0142$，$x_3=1.42\times10^{-4}$ 的绝对误差限均为 0.5×10^{-3}，那么它们各有几位有效数字？

1.6　为了尽量避免有效数字的严重损失，当 $|x|\ll 1$ 时对下列公式应该如何变形？

(1) $\dfrac{1}{1+2x}-\dfrac{1-x}{1+x}$；(2) $1-\cos x$；(3) e^x-1。

1.7　取 $\sqrt{2}\approx1.4$，采用下列各式计算 $a=(\sqrt{2}-1)^6$，哪一个得到的结果最好？

(1) $\dfrac{1}{(\sqrt{2}+1)^6}$；(2) $99-70\sqrt{2}$；(3) $(3-2\sqrt{2})^3$；(4) $\dfrac{1}{(3+2\sqrt{2})^3}$。

1.8　数列 $\{x_n\}$ 满足递推公式 $x_n=10x_{n-1}-1$，$n=1, 2, \cdots$。若取 $x_0=\sqrt{2}\approx1.41$(3 位有效数字)，则按该递推公式从 x_0 计算到 x_{10} 时误差有多大？这个计算过程稳定吗？

1.9　求方程 $x^2-56x+1=0$ 的两个根，使它至少具有 4 位有效数字($\sqrt{87}\approx9.3274$)。

1.10　计算：

(1) $1-\cos1°$；(2) $\ln(\sqrt{10^{10}+1}-10^5)$；(3) $\dfrac{1}{759}-\dfrac{1}{760}$。

1.11　已知积分 $I_0=\int_0^1\dfrac{x^n}{x+4}\mathrm{d}x$ 具有递推公式：

$$I_n=\frac{1}{n}-4I_{n-1},\ n=1, 2, \cdots$$

试在 4 位浮点十进制数计算机上利用下面两种算法计算积分 I_0，I_1，…，I_7：

(1) 算法 1：令 $I_0=0.2231(\approx\ln1.25)$，计算 $I_n=\dfrac{1}{n}-4I_{n-1}$，$n=1, 2, \cdots, 7$。

(2) 算法 2：令 $I_7=0$，计算 $I_{n-1}=\frac{1}{4n}(1-nI_n)$，$n=7, 6, \cdots, 1$。

哪种算法准确？为什么？

1.12 计算球体的体积，相对误差限为 3%，求半径的相对误差限。

1.13 计算 $\ln x-\ln y$ 时，令 $x\approx y$ 有效数位会损失，问改用 $\ln x-\ln y=\ln\frac{x}{y}$ 是否能减少舍入误差？

1.14 $f(x)=\ln(x-\sqrt{x^2-1})$ 求 $f(30)$ 的值，若开平方用 6 位函数表，问求对数时误差有多大？

1.15 用秦九韶算法求多项式 $p(x)=3x^5-2x^3+x+7$ 在 $x=3$ 处的值。

1.16 正方形边长大约为 100 cm，求面积不超过 1 cm^2 时，测量允许多大的误差？

第 2 章

非线性方程的数值解法

求非线性方程满足一定精度的近似根是工程计算和科学研究中经常需要解决的问题。本章介绍一元非线性方程 $f(x)=0$，$x\in[a, b]$的求根方法，其中 $f(x)$是区间[a, b]上连续的非线性函数(记为 $f(x)\in C[a, b]$)。非线性方程(nonlinear equations)通常包括如下两种情形：

(1) 代数方程(algebraic equation)，此时 $f(x)$是 x 的二次及以上的代数多项式，即

$$f(x)=a_n x^n+a_{n-1}x^{n-1}+\cdots+a_1 x+a_0=0,\ a_n\neq 0$$

(2) 超越方程(transcendental equation)，此时 $f(x)$中包含三角函数、指数函数或其他超越函数，如

$$\begin{cases} x\mathrm{e}^x-1=0 \\ 12-3x-2\cos x=0 \end{cases}$$

$f(x^*)=0$，则称 x^* 为方程 $f(x)=0$ 的根(root)，也称为函数 $f(x)$的零点(zero)。

若 x^* 为方程 $f(x)=0$ 的根，则 $f(x)$可以表示为

$$f(x)=(x-x^*)^m g(x)$$

其中，m 是正整数,$g(x^*)\neq 0$。若 $m>0$，称 x^* 是方程 $f(x)=0$ 的 m 重根(repeated root)，否则称 x^* 是方程的单根(simple root)。

设函数 $f(x)$在闭区间$[a, b]$上连续，且 $f(a)f(b)<0$，则根据零点存在定理，方程 $f(x)=0$ 在区间(a, b)内至少有一个实根，这时称区间$[a, b]$是方程 $f(x)=0$ 的有根区间。一个有根区间内可能含有方程 $f(x)=0$ 的多个根，本章讨论求方程 $f(x)=0$ 在区间(a, b) 内满足一定精度的单根的方法。

2.1 对分区间法

对分区间法(bisection method)也叫二分法，是一种数值方法，其基本思想是通过选取有根区间的中点，运用零点存在定理将有根区间反复减半，从而求得方程 $f(x)=0$ 在区间(a, b)内的一个实根。

设 $f \in C[a, b]$，且$[a, b]$为有根区间，取中点 $x_0 = \dfrac{a+b}{2}$，将区间$[a, b]$分为两半，检查 $f(x_0)$与 $f(a)$是否同号(若是，说明根 x^* 在 x_0 右侧，故取 $a_1 = x_0$；$b_1 = b$；否则，取 $a_1 = a$，$b_1 = x_0$)。使用新的有根区间$[a_1, b_1]$，其长度仅为原来区间长度的一半。再取 $x_1 = \dfrac{a_1+b_1}{2}$，将$[a_1, b_1]$分为两半，确定根在 x_1 的哪一侧，得到新区间$[a_2, b_2]$，其长度为$[a_1, b_1]$的一半，从而可得一系列有根区间

$$[a, b] \supset [a_1, b_1] \supset [a_2, b_2] \supset \cdots \supset [a_n, b_n] \supset \cdots$$

其中，每一个区间长度都是前一个区间长度的一半。因此，$[a_n, b_n]$的长度为

$$b_n - a_n = \frac{b-a}{2^n}$$

此时，a_n，b_n 都收敛于 x^*，且有 $\lim\limits_{n\to\infty} x_n = \lim\limits_{n\to\infty} \dfrac{a_n+b_n}{2} = x^*$ 因而，当 n 充分大时，x_n 为方程 $f(x)=0$ 的一个近似根，其误差为

$$|x_n - x^*| \leqslant \frac{b_n - a_n}{2} = \frac{b-a}{2^{n+1}}$$

算法 2-1：对分区间法

输入：区间端点 a，b；误差限为 TOL；函数 f(x)；最大迭代次数 N。

输出：近似解或失败信息。

```
n = 1
while (b - a) / 2 > TOL
c = (a + b) / 2
if f(c) = 0, break
else if f(a)f(c) < 0, b = c
else, a = c
end if
if n > N, break
end if
n = n + 1
end while
```

以上过程称为解方程的对分区间法，该方法计算简单且收敛性较好，但收敛较慢，通常用于求迭代法中一个足够好的初始近似值。

例 2-1　求方程 $f(x)=x^3-x-1=0$ 在区间$[1.0, 1.5]$内的一个根，要求该根精确到小数点后第二位。

解　由于 $a=1.0$，$b=1.5$，而 $f(a)<0$，$f(b)>0$，故方程在$[1.0, 1.5]$中有根。由题意可知，$\varepsilon = \dfrac{1}{2} \times 10^{-2}$。

$|x_n - x^*| \leqslant \dfrac{b-a}{2^{n+1}} = \dfrac{1}{2^{n+2}} \leqslant \dfrac{1}{2} \times 10^{-2}$ 由此可得 $n \geqslant 6$ 时 $|x_6 - x^*| \leqslant 0.005$，达到精度要求。编程计算时可取最大迭代次数 $N=100$，计算结果如表 2-1 所示。

表 2-1 例 2-1 的计算结果

n	a_n	b_n	x_n	$f(x_n)$的符号
0	1.0	1.5	1.25	−
1	1.25	1.5	1.375	+
2	1.25	1.375	1.3125	−
3	1.3125	1.375	1.3438	+
4	1.3125	1.3438	1.3282	+
5	1.3125	1.3282	1.3204	−
6	1.3204	1.3282	1.3243	−

因为 $\frac{|b_6-a_6|}{2}\approx\frac{0.0078}{2}=0.34\times10^{-2}<0.5\times10^{-2}$，所以方程在[1.0，1.5]内的根 $x^*\approx x_6=1.32$。

2.2 简单迭代法

2.2.1 简单迭代法

简单迭代法(simple-iteration method)是求解一元非线性方程 $f(x)=0$ 的主要方法。

简单迭代法是将方程改写成等价方程

$$x=\varphi(x) \tag{2-2-1}$$

其中，$\varphi(x)$是非线性连续函数。从某个初始值 x_0 开始，对应式(2-2-1)构造迭代公式(格式)：

$$x_{k+1}=\varphi(x_k)\text{，}k=0\text{，}1\text{，}\cdots \tag{2-2-2}$$

这就可以确定序列$\{x_k\}$($k=0$，1，…)。如果$\{x_k\}$有极限，则

$$\lim_{k\to\infty}x_k=x^*$$

对式(2-2-2)等号两边取极限可得 $x^*=\varphi(x^*)$，称 x^* 为 $\varphi(x)$的不动点(fixed point)，因而 x^* 是 $x=\varphi(x)$(即 $f(x)=0$)的根。迭代公式(2-2-2)是收敛的，实际求解中迭代过程不能做无穷多次，因此，按精度要求取某个迭代值 x_k 作为式(2-2-1)的近似根，这种求根方法称为简单迭代法，其中 $\varphi(x)$为迭代函数(iteration function)。

算法 2-2：简单迭代法

输入：初始值 x0，精度要求 TOL，迭代函数 φ(x)，最大迭代次数 N。

```
输出：近似解 x或失败信息。
n = 1, i = 1
x(1) = x0
while |x(i+1)−x(i)|> TOL
if n < N, x(i+1) =φ(x)
i = i+1, n = n+1
end if
else, break
end while
```

简单迭代法的几何意义如图 2-1 所示。其中，方程 $x=\varphi(x)$的根对应于直线 $y=x$ 与曲线 $y=\varphi(x)$的交点。对于初值 x_0，根据曲线 $y=\varphi(x)$可确定点 p_0，该点的横坐标为 x_0，纵坐标为 $\varphi(x_0)=x_1$。过 p_0 作 x 轴的平行线，与 $y=x$ 相交于点 Q_0，然后再过 Q_0 作平行于 y 轴的直线，该直线与 $y=\varphi(x)$交于点 p_1，则 p_1 的横坐标为 x_1，纵坐标为 $\varphi(x_1)=x_2$。按照图 2-1 中箭头所示路径继续上述操作，则可在 $y=\varphi(x)$上得到点列 p_0，p_1，$p_2\cdots$，它们的横坐标分别为 x_0，x_1，x_2，…。如果$\{p_n\}$趋向于点 p^*，则相应的横坐标收敛到方程的根 x^*。

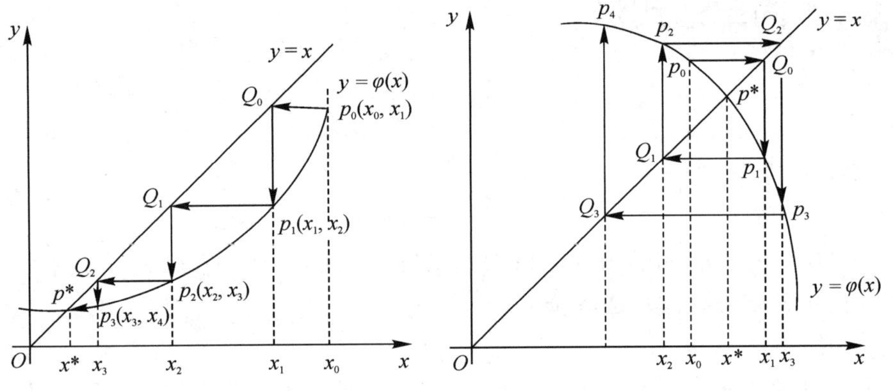

(a) (b)

图 2-1 简单迭代法的几何意义

例 2-2 用简单迭代法求解方程 $x^3+4x^2-10=0$ 在 [1, 2] 内的一个实根，要求误差的绝对值不超过 $\varepsilon=10^{-7}$。

解 将方程改写成等价形式。

先考虑形式 0：$x=\frac{1}{2}\sqrt{10-x^3}$，即迭代函数 $\varphi_0(x)=\frac{1}{2}\sqrt{10-x^3}$，从而得迭代公式：

$$x_{k+1}=\frac{1}{2}\sqrt{10-x_k^3},\ k=0,\ 1,\ 2,\ \cdots$$

取 $x_0=1.5$，将精度为 10^{-7} 的迭代计算结果记录于表 2-2 中，其中 $x_{23}=x_{24}=1.365\ 230\ 0$，可认为所得序列是收敛的，取 $x_{24}=1.365\ 230\ 0$ 作为根的近似值。

考虑其它的形式：

形式 1：$x=\sqrt{\frac{10}{x}-4x}$，即 $\varphi_1(x)=\sqrt{\frac{10}{x}-4x}$，从而得到迭代公式 $x_{k+1}=\sqrt{\frac{10}{x_k}-4x_k}$，$k=0, 1, 2, \cdots$

形式 2：$x=x-x^3-4x^2+10$，即 $\varphi_2(x)=x-x^3-4x^2+10$，从而得到迭代公式 $x_{k+1}=x_k-x_k^3-4x_k^2+10$，$k=0, 1, 2, \cdots$

同样以 $x_0=1.5$ 进行迭代计算，结果也记录于表 2-2 中。可以发现：形式 1 计算过程出现负数开方，无法继续进行；形式 2 计算过程也可以认为迭代序列并不收敛。

表 2-2　不同迭代形式下的计算结果

k	$x_k(\varphi_0)$	$x_k(\varphi_1)$	$x_k(\varphi_2)$
0	1.5	1.5	1.5
1	1.286 953 8	0.8165	−0.875
2	1.402 540 8	2.9969	6.732
3	1.345 458 4	$\sqrt{-8.65}$	−469.640
4	1.325 170 3	…	…
5	…	…	…
…	…	…	…
22	1.365 230 1	…	…
23	1.365 230 0	…	…
24	1.365 230 0	…	…

由此可见，简单迭代法是否收敛(甚至解是否存在和唯一)需要进一步讨论。

2.2.2　简单迭代法的收敛性定理

定理 2-1 不动点定理　(fixed point theorem) 设迭代公式 (2-2-2) 中的迭代函数 $\varphi(x)$在区间$[a, b]$上连续，在(a, b)内可导，且满足条件：

(1) (映内性)当 $a\leqslant x\leqslant b$ 时，有

$$a\leqslant\varphi(x)\leqslant b \tag{2-2-3}$$

(2) (压缩性)存在常数 L：$0\leqslant L<1$(L 为压缩系数)，使得

$$\varphi'(x)\leqslant L, \ \forall x\in(-a, b) \tag{2-2-4}$$

(3) 函数 $\varphi(x)$在 $[a, b]$ 上存在唯一不动点 x^*。

(4) 对任意的初值 $x_0\in[a, b]$，迭代公式(2-2-2)都收敛于 x^*。

(5) 迭代值有误差估计式：

$$|x_k-x^*|\leqslant\frac{L}{1-L}|x_k-x_{k-1}| \tag{2-2-5}$$

$$|x_k-x^*|\leqslant\frac{L^k}{1-L}|x_1-x_0| \tag{2-2-6}$$

证明　① 先证存在性。当 $a\leqslant x\leqslant b$ 时，$a\leqslant\varphi(a)\leqslant b$，若 $\varphi(a)=a$ 或 $\varphi(b)=b$，则 a 或

b 就是 $\varphi(x)$的不动点；否则由条件（1）有 $\varphi(a)>a$，$\varphi(b)<b$。作辅助函数

$$\Phi(x)=\varphi(x)-x$$

显然 $\Phi(x)\in C[a, b]$且有

$$\Phi(a)=\varphi(a)-a>0,\ \Phi(b)=\varphi(b)-b<0$$

根据零点存在定理，至少存在一点 $x^*\in(a, b)$满足 $\Phi(x^*)=0$，即 $x^*=\varphi(x^*)$，这就表明 $\varphi(x)$的不动点存在。

再证唯一性。首先，对任何 x，$y\in[a, b]$，由微分中值定理可得：

$$\varphi(x)-\varphi(y)\ |=|\varphi'(\xi)|\cdot|x-y|$$

其中，ξ 介于 x 和 y 之间，故有 $\xi\in(a, b)$。再由压缩性条件式(2-2-4)可得

$$|\varphi(x)-\varphi(y)|\leqslant L\cdot|x-y| \tag{2-2-7}$$

然后，用反证法证唯一性。若方程 $x=\varphi(x)$有两个不同的根 x^*，$x^{**}\in[a, b]$，则由式(2-2-7)有

$$|x^{**}-x^*|=|\varphi(x^{**})-\varphi(x^*)|\leqslant L|x^{**}-x^*|<|x^{**}-x^*|$$

与假设相矛盾，因此方程只有一个根。

② 对任意的初值 $x_0\in[a, b]$，由映内性条件，即式(2-2-3)可知，所有的 $x_k\in[a, b]$。由式(2-2-7)可得：

$$|x_k-x^*|=|\varphi(x_{k-1})-\varphi(x^*)|\leqslant L|x_{k-1}-x^*| \tag{2-2-8}$$

进而有

$$|x_k-x^*|\leqslant L^2|x_{k-2}-x^*|\leqslant\cdots\leqslant L^k|x_0-x^*|$$

注意到 $0\leqslant L\leqslant 1$，就有$\lim\limits_{k\to\infty}|x_k-x^*|=0$，即$\lim\limits_{k\to\infty}x_k=x^*$。

③ 从$|x_{k+1}-x_k|$出发，由式(2-2-8)可得

$$\begin{aligned}|x_{k+1}-x_k|&=|(x_{k+1}-x^*)-(x_k-x^*)|\geqslant|x_k-x^*|-|x_{k+1}-x^*|\\&\geqslant|x_k-x^*|-L|x_k-x^*|\geqslant(1-L)|x_k-x^*|\end{aligned}$$

于是

$$|x_k-x^*|\leqslant\frac{1}{1-L}|x_{k+1}-x_k|$$

又由式(2-2-7)可得

$$|x_{k+1}-x_k|=|\varphi(x_k)-\varphi(x_{k-1})|\leqslant L|x_k-x_{k-1}|\leqslant L^2|x_{k-1}-x_{k-2}|\leqslant\cdots\leqslant L^k|x_1-x_0|$$

所以

$$|x_k-x^*|\leqslant\frac{1}{1-L}|x_{k+1}-x_k|\leqslant\frac{L^k}{1-L}|x_1-x_0|$$

定理 2-1 的特征：

不动点定理也称为压缩映像原理，它是迭代收敛的一个充分条件。但若对区间(a, b)内的所有 x 都有$|\varphi'(x)|\geqslant 1$成立，则只要 $x_0\neq x^*$，式(2-2-2)在[a, b]上必发散。

事实上，由式(2-2-3)可知，对任意的初值 $x_0\in[a, b]$，所有的 $x_k\in[a, b]$。再由微分中值定理可得：

$$|x_k-x^*|=|\varphi(x_{k-1})-\varphi(x^*)|=|\varphi'(\xi)|\cdot|x_{k-1}-x^*|$$

其中，ξ 介于 x_{k+1} 和 x_0^* 间，因而 $\xi \in (a, b)$，所以

$$|x_k - x^*| \geqslant |x_{k-1} - x^*|$$

于是

$$|x_k - x^*| \geqslant |x_{k-1} - x^*| \geqslant |x_{k-2} - x^*| \geqslant \cdots \geqslant |x_0 - x^*|$$

因此，若 $x_0 \neq x^*$，则当 $k \to \infty$时，迭代公式 $x_{k+1} = \varphi(x_k)$发散。

定理的压缩性条件式(2 - 2 - 4)也可弱化为 Lipschitz 条件：

$$\varphi(x) - \varphi(y)| \leqslant L \mid x - y \mid, \ \forall x, y \in [a, b]$$

其中 $0 \leqslant L < 1$ 是常数。此时只需 $\varphi(x)$满足连续性，而不需要可导性。

例 2 - 3　求方程 $x - \ln x = 2(x > 1)$根的区间，取相对误差限 $\varepsilon = 10^{-8}$。

解　先确定方程的有根区间。令 $f(x) = x - \ln x - 2$，则 $f'(x) = 1 - \dfrac{1}{x}$，因此，对 $x > 1$ 有 $f'(x)$，即 $f(x)$在(1, ∞)区间上单调递增，由此可知方程在(1, ∞)区间最多只有一个根。经试算，得

$$\begin{cases} f(1) = 1 - \ln 1 - 2 < 0 \\ f(2) = 2 - \ln 2 - 2 < 0 \\ f(3) = 3 - \ln 3 - 2 < 0 \\ f(4) = 4 - \ln 4 - 2 > 0 \end{cases}$$

由此可知[3, 4]为方程的有根区间，如图 2 - 2 所示。

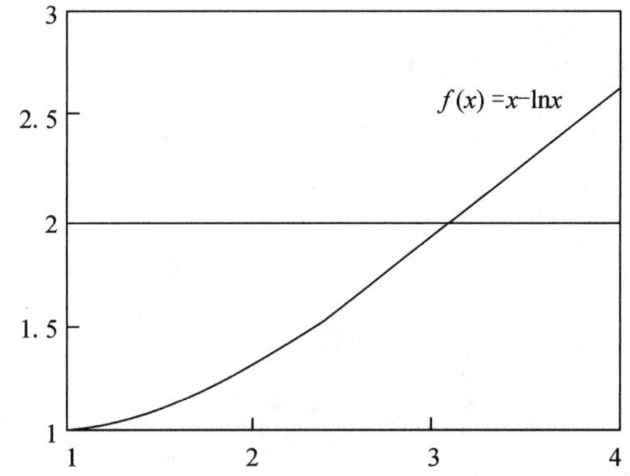

图 2 - 2　方程 $f(x) = x - \ln x$ 的有根区间

现将方程改写为 $x = 2 + \ln x$，则有迭代函数 $\varphi(x) = 2 + \ln x$。当 $x \in [3, 4]$时，$\varphi(x)$满足

$$\begin{cases} 3 \leqslant 2 + \ln 3 \leqslant \varphi(x) \leqslant 2 + \ln 4 \leqslant 4 \\ \varphi'(x) 1 = \dfrac{1}{|x|} \leqslant \dfrac{1}{3} < 1 \end{cases}$$

故对区间[3, 4]，由不动点定理得，迭代公式

$$x_{k+1} = 2 + \ln x_k, \ k = 0, 1, \cdots$$

都收敛于方程的根。取 $x_0 = 3$ 实际计算，并同时计算相对误差 $\Delta = \dfrac{|x_k - x_{k-1}|}{|x_k|}$，结果如表 2 - 3 所示。

表 2-3 例 2-3 的计算结果

k	x_k	Δ
0	3	
1	3.098 612 289	0.32×10^{-1}
2	3.130 954 363	0.10×10^{-1}
⋮	⋮	⋮
15	3.146 193 216	0.35×10^{-8}

注意到 $\Delta=0.35\times10^{-8}<\varepsilon$，故取 $x^*=x_{15}=3.146193216$。

例 2-4 试用不动点定理分析例 2-2 中同一方程的 3 种不同形式迭代函数 $\varphi_0(x)$、$\varphi_1(x)$和 $\varphi_2(x)$在区间[1, 1.5]内是否满足收敛条件。

解 (1) 对 $\varphi_0(x)=\frac{1}{2}\sqrt{10-x^3}$，有 $\varphi_0'(x)=-\frac{3x^2}{4\sqrt{10-x^3}}$，

在区间 [1, 1.5] 上有 $\varphi_0'(x)<0$ 且

$$\varphi_0''(x)=-\frac{3x(40-x^3)}{8(10-x^3)^{3/2}}<0$$

则 $\varphi_0'(x)$递减，由此可知 $|\varphi_0'(x)|$递增，即可取 $L=0.66$。此外，由于 $\varphi_0(x)$是减函数，所以

$$1<\frac{\sqrt{106}}{8}=\varphi_0(1.5)\leqslant\varphi_0(x)\leqslant\varphi_0(1)=1.5$$

因此，由不动点原理可知，对任意的 $x_0\in[1,1.5]$，迭代函数 $\varphi_0(x)$都收敛。

(2) 对 $\varphi_1(x)=\sqrt{\frac{10}{x}-4x}$，有 $\varphi_1'(x)=\frac{-\frac{10}{x^2}-4}{2\sqrt{\frac{10}{x}-4x}}$。由 $|\varphi_1'(x^*)|\approx3.4$ 及 $\varphi_1'(x)$的连续性可知，在 x^* 的某领域 $(x^*-\delta, x^*+\delta)$内恒有 $|\varphi_1'(x)|>1$。由不动点定理可知迭代函数 $x_{k+1}=\varphi_2(x_k)$也发散。

(3) 对 $\varphi_2(x)=x-x^3-4x^2+10$，有 $\varphi_2'(x)=1-3x^2-8x$。由 $|\varphi_2'(x^*)|\approx15.51$，类似(2)的讨论可知，迭代函数 $x_{i+1}=\varphi_2(x_i)$也发散。

易见，区间取得太大无法保证压缩性条件成立，反之，区间取得太小又无法保证映内性条件。

2.2.3 局部收敛性

定理 2-2 给出的简单迭代公式(2-2-2)对区间[a, b]上任意初值的收敛性，称为全局收敛性(global convergence)。已知不动点 x^* 的近似值，欲求其更精确的近似值时，要讨论 x^* 附近的收敛性问题。

定义 2-1 设 $\varphi(x)$ 在某区间有不动点 x^*，若存在 x^* 的一个邻域 $S=\{x \mid |x-x^*|<\delta\}\subset[a,b]$，使得迭代公式 $x_{k+1}=\varphi(x_k)$ 对于任意初值 $x_0\in S$ 均收敛，则称此迭代公式局部收敛(local convergence)。

定理 2-3 设 x^* 为 $\varphi(x)$ 的不动点，$\varphi'(x)$ 在 x^* 的某邻域连续，且 $|\varphi'(x^*)|<1$，则迭代公式 $x_{k+1}=\varphi(x_k)$ 局部收敛。

证明 由 $|\varphi'(x^*)|<1$ 和 $\varphi'(x)$ 的连续性可知，存在 $0\leqslant L<1$ 及 $\delta>0$ 使得 $|x-x^*|<\delta$ 时 $|\varphi'(x)|\leqslant L<1$。对任意的 $x\in S=\{x \mid |x-x^*|<\delta\}$，由微分中值定理可知，$|\varphi(x)-x^*|=|\varphi(x)-\varphi(x^*)|\leqslant|\varphi'(\xi)|\cdot|x-x^*|\leqslant L|x-x^*|<|x-x^*|<\delta$，其中，$\xi$ 介于 x 和 x^* 之间，所以有 $\varphi(x)\in S$，即 $\varphi(x)$ 在区间 $[x^*-\delta,\ x^*+\delta]$ 满足不动点定理的条件。故由 $x_{k+1}=\varphi(x_k)$ 生成的序列 $\{x_k\}$ 对任意 $x_0\in S$ 均收敛于 x^*。

例 2-5 构造不同迭代公式求 $x^2-3=0$ 的根 $x^*=\sqrt{3}$，取绝对误差限为 10^{-6}。

解 (1) $x_{k+1}=\dfrac{3}{x_k}$，$k=0,1,\cdots$，故 $\varphi(x)=\dfrac{3}{x}$，$\varphi'(x)=-\dfrac{3}{x^2}$，$\varphi'(x^*)=-1$，不满足定理 2-3 的条件，不能保证局部收敛。

(2) $x_{k+1}=x_k-\dfrac{1}{4}(x_k^2-3)$，$k=0,1,\cdots$，故 $\varphi(x)=x-\dfrac{1}{4}(x^2-3)$，$\varphi'(x)=1-\dfrac{1}{2}x$。$|\varphi'(x^*)|=1-\dfrac{\sqrt{3}}{2}=0.134<1$，因而迭代收敛。

(3) $x_{k+1}=\dfrac{1}{2}\left(x_k+\dfrac{3}{x_k}\right)$，$k=0,1,\cdots$，故 $\varphi(x)=\dfrac{1}{2}\left(x+\dfrac{3}{x}\right)$，$\varphi'(x)=\dfrac{1}{2}\left(1-\dfrac{3}{x^2}\right)$，$\varphi'(x^*)=0$，迭代也收敛。

若取 $x_0=2$，分别用以上 3 种迭代公式进行计算，结果如表 2-4 所示。

表 2-4 不同迭代公式的计算结果

k	x_k	迭代公式(1)	迭代公式(2)	迭代公式(3)
0	x_{k-0}	2	2	2
1	x_{k-1}	1.5	1.75	1.75
2	x_{k-2}	2	1.734 375	1.732 143
3	x_{k-3}	1.5	1.732 361	1.732 051
4	x_{k-4}	2	1.732 092	1.732 051
…	…	…	…	…

从计算结果可知，迭代公式 (1) 不收敛，迭代公式(2) 和 (3) 收敛。在迭代公式(3)中，$\varphi'(x^*)=0$，故收敛最快。

2.2.4 收敛速度与收敛的阶

迭代过程的收敛速度体现为，迭代误差 $e_k=x_k-x^*$ 随 k 增加的下降速度，可通过收敛阶(order of convergence)来描述。

定义 2-2 设迭代过程产生的序列$\{x_k\}$收敛于根x^*，记迭代误差为$e_k=x_k-x^*$。如果存在实数$p\geqslant 1$和非零常数C，使得

$$\lim_{k\to\infty}\frac{|e_{h+1}|}{|e_k|^p}=C \tag{2-2-9}$$

则称迭代过程是p阶收敛的，称C为渐近误差常数(asymptotic error constant)。特别的，$p=1$时称序列为线性收敛(linear convergence)；$p=2$称序列为平方收敛或2阶收敛(quadratic convergence)；$p>1$时称序列为超线性收敛(super linear convergence)。p的大小反映了$\{x_k\}$收敛速度的快慢，p越大表明收敛越快。

定理 2-4 如果x^*是$\varphi(x)$的不动点，$\varphi'(x)$在x^*的某个邻域连续，$|\varphi'(x^*)|<1$且$\varphi'(x^*)\neq 0$，则迭代过程$x_{k+1}=\varphi(x_k)$在x^*的这个邻域是线性收敛的。

证明 由定理 2-2 知迭代收敛，又有

$$e_{k+1}=x_{k+1}-x^*=\varphi(x_k)-\varphi(x^*)=\varphi'(\xi_k)e_k$$

其中，ξ_k在x^*和x_k之间，故有

$$\lim_{k\to\infty}\frac{|e_{k+1}|}{|e_k|}=|\varphi'(x^*)|\neq 0$$

因而迭代过程是线性收敛的。

以下定理给出简单迭代法p阶收敛的充分条件。

定理 2-5 如果x^*是$\varphi(x)$的不动点，对整数$p>1$，迭代函数$\varphi(x)$在x^*的某个邻域内有p阶导数，且满足

$$\varphi'(x^*)=\varphi''(x^*)=\cdots=\varphi^{(p-1)}(x^*)=0,\ \varphi^{(p)}(x^*)\neq 0$$

则迭代过程$x_{k+1}-\varphi(x_k)$在x^*的这个邻域是p阶收敛的，且有

$$\lim_{k\to\infty}\frac{e_{k+1}}{e_k^p}=\frac{\varphi^{(p)}(x^*)}{p!}$$

2.3 Aitken-Steffensen 加速法

对于收敛的迭代过程，只要迭代次数足够多，就可以使结果达到任意精度。但有时迭代过程的收敛过于缓慢，导致计算量过大、计算时间过长，此时有必要采用加速方法提高算法的效率。

假设$\{x_k\}$线性收敛，按线性收敛的定义有

$$\frac{x_{k+1}-x^*}{x_k-x^*}\approx C_k\neq 0$$

同理也有

$$\frac{x_{k+2}-x^*}{x_{k+1}-x^*}\approx C_{k+1}\neq 0$$

当 k 充分大时，可以期望 $C_k \approx C_{k+1}$，故有

$$\frac{x_{k+1}-x^*}{x_k-x^*} \approx \frac{x_{k+2}-x^*}{x_{k+1}-x^*}$$

解得

$$x^* \approx x_k - \frac{(x_{k+1}-x_k)^2}{x_{k+2}-2x_{k+1}+x_k} \tag{2-3-1}$$

上述分析表明，当由某种迭代方法计算出 x_k，x_{k+1}，x_{k+2} 之后，用式(2-3-1)的值作为 x^* 的新近似值，可望得到更好的近似效果，因此可提出对某种迭代格式 $x_{k+1}=\varphi(x_k)$ 利用式(2-3-1)表述的加速方法：

$$\begin{cases} \text{迭代：} y_k = \varphi(x_k) \\ \text{再迭代：} z_k = \varphi(y_k) \\ \text{加速方法：} x_{k+1} = x_k - \dfrac{(y_k - x_k)^2}{z_k - 2y_k + x_k} \end{cases}$$

这个方法称为 Aitken-Steffensen 加速法（Aitken-Steffensen acceleration method），记为：

$$\Phi(x) = x - \frac{[\varphi(x)-x]^2}{\varphi[\varphi(x)]-2\varphi(x)+x}$$

则 Aitken-Steffensen 加速法的迭代过程可以简记为：

$$x_{k+1} = \varphi(x_k)$$

可以证明，只要 $\varphi'(x^*) \neq 1$，不管原迭代法 $x_{k+1}=\varphi(x_k)$ 是否线性收敛，Aitken-Steffensen 加速法构造的公式至少 2 阶收敛。

Aitken-Steffensen 加速法主要用于改善仅线性收敛或者不收敛的迭代。

算法 2-3：Aitken-Steffensen 加速法

输入：最大迭代次数 N，初始值 x0，精度要求 TOL，迭代函数格式 φ(·)。

输出：近似解或失败信息。

```
n = 1, i = 1
x(1) = x0
while |x(i+1)−x(i)| > TOL
if n < N, y(i) =φ(x), z(i) =φ(y)
x(i+1) = x(i) −(y(i)−x(i))/(z(i)−2y(i)+x(i))
i = i + 1, n = n + 1
end if
else, break
end while
```

例 2-6 求解方程 $f(x)=x^3-x-1=0$ 在 $x_0=1.5$ 附近的根，要求误差的绝对值不

超过 10^{-5}。

解 若将原方程改写为 $x=x^3-1$，由此构造迭代公式

$$x_{k+1}=x_k^3-1,\ k=0,\ 1,\ \cdots$$

易知以上迭代公式不收敛(请读者思考为什么)。采用 Aitken-Steffensen 加速法求解的迭代结果如表 2-5 所示。

表 2-5 例 2-6 的迭代结果

k	x_k	y_k	z_k
0	1.5	2.375 00	12.39 65
1	1.416 29	1.840 92	5.238 87
2	1.355 65	1.491 40	2.317 27
3	1.328 95	1.347 06	1.444 35
4	1.324 80	1.325 17	1.327 12
5	1.324 72	1.324 72	1.324 72
6	1.324 72	1.324 72	1.324 72

2.4 Newton 迭代法

2.4.1 Newton 迭代法

解一元非线性方程 $f(x)=0$ 时 Newton(或 Newton-Raphson)迭代法是简单迭代的一种特殊形式，也是解求根问题最有影响力和最著名的数值方法之一。有多种方法可以引入 Newton 迭代法，其中一种是基于 Taylor 展式的方法。

假定 x^* 是方程 $f(x)=0$ 的根，x_0 是它的一个近似值，$f(x)$、$f'(x)$、$f''(x)$在根 x^* 附近连续。将 $f(x)$在 x_0 展开得

$$0=f(x^*)=f(x_0)+f'(x_0)(x^*-x_0)+\frac{f''(\xi)}{2!}(x^*-x_0)^2$$

其中，ξ 在 x_0 与 x^* 之间。若 $f'(x)\neq 0$，则有

$$x^*=x_0-\frac{f(x_0)}{f'(x_0)}-\frac{f''(\xi)}{2f'(x_0)}(x^*-x_0)^2 \qquad (2-4-1)$$

忽略式(2-4-1)等号右侧最后一项，可得到 x^* 的一个新的近似值：

$$x_1=x_0-\frac{f(x_0)}{f'(x_0)}$$

用 x_1 代替上式等号右侧的 x_0，并设 $f'(x_1)\neq 0$，又能得到新的近似值

$$x_2=x_1-\frac{f(x_1)}{f'(x_1)}$$

继续该过程，假定 $f'(x_k)\neq 0$，$k=0, 1, \cdots$，可得

$$x_{k+1}=x_k-\frac{f(x_k)}{f'(x_k)},\ k=0, 1, \cdots \tag{2-4-2}$$

称 Newton 迭代公式在迭代序列收敛的情况下，取满足一定精度条件的迭代值 x_k 为方程根 x^* 的近似值，这就是 Newton 迭代法。显然，Newton 迭代法在 x^* 附近将函数 $f(x)$ 线性化为基础，并以 $f'(x_k)\neq 0$，$k=0, 1, \cdots$ 为前提。

Newton 迭代法依赖于 $f'(x)$ 和 $f''(x)$ 的连续性，是已知的最有用的迭代法之一。

算法 2-4：Newton 迭代法

```
输入：初始近似值 x0，最大迭代次数 N，精度要求 TOL，函数 f(x)。
输出：近似解或失败信息。
i = 1, n = 1
x(1) = x0
while |x(i+1)-x(i)|>TOL
if n < N, x(i+1) = x(i)-f(x(i))/f'(x(i))
i = i + 1, n = n+1
else, break
end if
end while
```

Newton 迭代法考虑到当存在某个 k 使 $f'(x_k)=0$ 时，Newton 迭代法不能继续下去的情形，事实上，在 x^* 附近满足 $|f'(x)|>M$(其中，M 为某一充分大常数)时，迭代效果最好。

例 2-7　用 Newton 迭代法求方程

$$xe^x-1=0$$

的近似根，要求精确到小数点后第 4 位。

解　令 $f(x)=xe^x-1$，则 $f'(x)=e^x(1+x)$，于是得到迭代公式：

$$x_{k+1}=x_k-\frac{x_k e^{x_k}-1}{e^{x_k}(1+x_k)},\ k=0, 1, \cdots$$

取 $x_0=0.5$，计算结果如下：

$$x_0=0.5,\ x_1=0.571\ 02,\ x_2=0.567\ 16,\ x_3=0.567\ 14$$

故方程的近似根为 $x^*\approx 0.5671$。

本小节开始利用 Taylor 展式推导 Newton 迭代法的过程说明了选取精确初始近似值的重要性，推导过程的一个重要假设是 x_0 与 x^* 充分接近，使得含 $(x_0-x^*)^2$ 的项远远小于

含 x_0-x^* 的项。如果 x_0 不能很好地接近 x^*，这个假设就是错误的，没有理由期望由 Newton 迭代法构造出来的序列收敛于 x^*。然而，在一些实际例子中，即使初始近似值不够好，Newton 迭代法仍然收敛。关于 Newton 迭代法的局部收敛定理如下。

定理 2-6 设 x^* 是 $f(x)=0$ 的一个根，$f(x)$在 x^* 附近 2 阶导数连续，且 $f'(x^*)\neq 0$，则 Newton 迭代式(2-4-2)至少是 2 阶收敛的，且

$$\lim_{k\to\infty}\frac{x_{k+1}-x^*}{(x_k-x^*)^2}=\frac{1}{2}\frac{f''(x^*)}{f'(x^*)} \tag{2-4-3}$$

证明 Newton 迭代式作为简单迭代，其迭代函数为

$$\varphi(x)=x-\frac{f(x)}{f'(x)}$$

从而有

$$\varphi'(x)=1-\frac{[f'(x)]^2-f(x)f''(x)}{[f'(x)]^2}=\frac{f(x)f''(x)}{[f'(x)]^2}$$

由 $f(x^*)=0$ 可知，$\varphi'(x^*)=0$，且易计算

$$\varphi''(x^*)=\lim_{x\to x^*}\frac{\varphi'(x)-\varphi'(x^*)}{x-x^*}=\lim_{x\to x^*}\frac{[f(x)-f(x^*)]f''(x)}{(x-x^*)[f'(x)]^2}=\frac{f''(x^*)}{f'(x^*)}$$

由定理 2-4 可知，Newton 迭代式(2-4-2) 至少是 2 阶收敛(当 $f''(x^*)=0$ 时是 3 阶收敛)，且式(2-4-3)成立。

2.4.2 Newton 下山法

Newton 迭代法是一种局部收敛方法，通常要求初始近似值在解 x^* 附近才保证迭代序列收敛。为扩大收敛范围，使对任意 x_0 迭代序列收敛，可引入参数，并将 Newton 迭代公式改为

$$x_{k+1}=x_k-\lambda_k\frac{f(x_k)}{f'(x_k)},\ k=0,1,\cdots \tag{2-4-4}$$

其中，$0<\lambda_k\leqslant 1$ 为下山因子(downhill factor)，式(2-4-4)也被称为 Newton 下山法。通常选择 λ_k 使 $|f(x_{k+1})|<|f(x_k)|$，计算时可依次取 $\lambda_k=1,\frac{1}{2},\frac{1}{4}\cdots$，直到满足要求为止，由此得到的序列 $\{x_k\}$ 由于满足下山条件 $|f(x_{k+1})|<|f(x_k)|$，故该序列是收敛的，但只是线性收敛(在满足单调性条件后的迭代中，下山因子 λ_k 仍取 1)。

例 2-8 用 Newton 下山法求 $f(x)=x^3-x-1=0$ 的解，取 $x_0=0.6$，计算精确至 10^{-5} 的解。

解 由于 $f(x)=x^3-x-1$，$f'(x)=3x^2-1$，由式(2—4—4)得 Newton 下山法迭代公式：

$$x_{k+1}=x_k-\lambda_k\frac{x_k^3-x_k-1}{3x_k^2-1}$$

若采用 Newton 迭代法($\lambda_k=1$)，取 $x_0=0.6$，计算结果如表 2-6 所示，经过 12 次迭

代可得解的近似值 1.324 72。

用 Newton 下山法进行计算时，由 $\lambda_0=1$ 可得 $x_1=17.9$，$f(x_0)=-1.4$，而 $f(x_1)=5716.4$，$|f(x_1)|>|f(x_0)|$ 不满足下山条件。通过试算，当 $\lambda_0=\frac{1}{32}=0.03125$ 时，$x_1=1.140\ 63$，$f(x_1)=-0.656\ 64$，满足 $|f(x_1)|<|f(x_0)|$，进而计算 x_2，x_3，…，其结果如表 2-7 所示。

表 2-6　例 2-8 的计算结果(Newton 迭代法)

k	x_k	$f(x_k)$
0	0.600 00	−1.4
1	17.900 00	5716.4
2	11.946 80	1692.2
3	7.985 52	500.2
…	…	…
12	1.324 72	0

表 2-7　例 2-8 的计算结果(Newton 下山法)

k	λ_k	x_k	$f(x_k)$
0	1/32	0.600 00	−1.400 00
1	1	1.140 63	−0.656 64
2	1	1.366 81	0.186 64
3	1	1.326 28	0.006 67
4	1	1.324 72	0.000 01

2.5　正割法

求解方程 $f(x)=0$ 的 Newton 迭代法要计算 $f'(x_k)$，如果 $f(x)$ 的导数计算不方便，通常可用函数差商 $f'(x_k)=\frac{f(x_k)-f(x_{k-1})}{x_k-x_{k-1}}$ 来近似。将函数差商代入式(2-4-2)则得正割法(secant method，也称弦截法)：

$$x_{k+1}=x_k-\frac{x_k-x_{k-1}}{f(x_k)-f(x_{k-1})}f(x_k),\ k=1,\ 2,\ \cdots$$

这种迭代法与式(2-4-2)不同，它要同时给出 x_0 和 x_1 两个初始近似解才能逐次计算出 x_2，x_3…，因此也称为两点迭代法。

算法 2-5： 正割法

```
输入：初始近似值 x0，x1，精度要求 TOL，最大迭代次数 N，函数 f(x)。
输出：近似解或失败信息。
1：i = 2，n = 1
2：x(1) = x0，x(2) = x1
3：while |x(i+1)-x(i)| > TOL
4：if n < N，
     x(i+1)=x(i)-f[x(i)](x(i)-x(i-1))/(f[x(i)]-f[x(i-1)])
5：i = i + 1，n = n + 1
6：else，break
7：end if
8：end while
```

例 2-9 用正割法求方程

$$f(x)=2x^3-5x-1=0$$

在[1，2]中的一个解，取 $x_0=2$，$x_1=1$，要求

$$\left|\frac{x_k-x_{k-1}}{x_k}\right|\leqslant 10^{-6}$$

解 计算结果如表 2-8 所示。可以发现，迭代 8 次时达到精度要求，此时 $|f(1.672\ 982)|=7.64\times10^{-5}$。

表 2-8 例 2-9 的计算结果

迭代次数	近似解
1	1.444 444
2	1.984 840
3	1.616 105
4	1.660 096
5	1.673 635
6	1.672 974
7	1.672 982
8	1.672 982

正割法的每一步只需计算一次 $f(x_k)$，而 Newton 迭代法还需计算 $f(x_k)$。因此，对导数计算比较困难或不可能的情形，使用正割法更具优势。然而，一般情况下，正割法的收敛速度稍慢于 Newton 迭代法。

Matlab 中求解单变量非线性方程 $f(x)=0$ 的函数 fzero 常用格式为 fzero(f_n，x_0)。如果 x_0 是一个数值，则它返回方程 $f(x)=0$ 最接近 x_0 的根。若 x_0 是一个二维向量$[a, b]$且 $f(a)$与 $f(b)$异号，则返回方程 $f(x)=0$ 介于 a 和 b 间的根。其中，f_n 是自定义函数 $f(x)$的函数名或用单引号括起来的 $f(x)$表达式。

例 2-10　求方程 $x^2+3x-2=0$ 的正根。

解　命令如下：

```
>>x1=fzero('x^2+3*x-2', 10)
x1=0.5616
```

本章小结

本章研究用迭代法求方程 $f(x)=0$ 的根。对于迭代法来说，选取合适的初始近似值或有根区间是很重要的。对分区间法既是求方程实根 x^* 的一种简单迭代法，也是求方程一个足够好近似根的有效算法。若$[a, b]$为有限区间，每次二分迭代可使有根区间缩减一半且 k 次迭代 x_k 的误差 $|x_k-x^*|\leqslant\frac{b-a}{2^{k+1}}$，但因其收敛较慢，故常作为求取迭代法初值的算法。

Newton 迭代法是求解非线性方程根最重要的方法，它是局部收敛的，一般要求初始近似值 x_0 与根 x^* 充分接近。如 x_0 选择不合适，可用 Newton 下山法进行求解。

实验 2　非线性方程的迭代解法

利用二分法和 Newton 迭代法在区间[0, 1]上找到函数 $f(x)=x^3+x-1$ 的解。

二分法

```
a = 0; b = 1; %输入区间端点
tol = 0.0001; %精度要求
N =11; %最大迭代次数
f = @(x) x^3+x-1; %函数
xc = EF(f, a, b, tol, N)
function xc = EF(f, a, b, tol, N)
n = 1;
while (b-a)/2 >tol
    if n < N
    c = (a+b)/2;
    if f(c) == 0
        break
```

```
elseif f(a) * f(c) < 0
        b = c;
    else
        a = c;
    end
    n = n+1;
    else
        break
    end
end
xc = (a+b)/2;
end
运行结果：xc =0.6821
```

牛顿迭代法

```
x0 = 0; %初始值
tol = 0.0001; %精度要求
N = 10; %最大迭代次数
xc =Nt(x0, tol, N)
function xc =Nt(x0, tol, N)
x(1) = x0;
    i = 1;
    n = 1;
    e = 1;
    while e >tol
        if n < N
        x(i+1) = x(i)-(x(i)^3+x(i)-1)/(3 * x(i)^2+1);
        e = abs(x(i+1)-x(i));
        xc = x(i+1);
        i = i+1;
        else
            break
        end
    end
end
```

运行结果：xc = 0.6823

习　题　2

2.1　试证明方程 $1-x-\sin x=0$ 在区间[0，1]内有且仅有一个根；若采用对分区间法求误差绝对值不大于 10^{-4} 的根，则至少要迭代计算多少次？

2.2　用对分区间法求方程 $f(x)=\sin x-\frac{x^2}{2}=0$ 在区间[1，2]内根的近似值，并指出其误差(要求精确到 10^{-3})。

2.3　证明方程 $x^3+x-4=0$ 在[1，3]内有一个根；若采用对分区间法求误差绝对值不大于 10^{-3} 的近似根，则至少应迭代计算多少次？

2.4　已知方程 $f(x)=x+2-e^x=0$ 在区间[－1.9，－1]和[0，2]内各有一个根，方程可变为两种等价形式 $x=\varphi_1(x)=e^x-2$ 和 $x=\varphi_2(x)=\ln(x+2)$。请用不动点定理证明：

(1) 对任意的初值 $x_0\in[-1.9,-1]$，迭代公式 $x_{k+1}=e^{x_k}-2$ 收敛；

(2) 对任意的初值 $x_0\in[0,2]$，迭代公式 $x_{k+1}=\ln(x+2)$ 收敛。

2.5　取初值 $x_0=1$，用迭代公式

$$x_{k+1}=\frac{20}{x_k^2+2x_k+10},\ k=0,1,2,\cdots$$

求方程 $x^3+2x^2+10x-20=0$ 的根，要求精确到小数点后第 3 位。

2.6　已知方程 $x^3-x^2-0.8=0$ 在 $x_0=1.5$ 附近有一个根，将方程改写为下列等价形式并构造相应的迭代公式：

(1) $x=\sqrt{x^3-0.8}$，$x_{k+1}=\sqrt{x_k^3-0.8}$，$k=0,1,\cdots$

(2) $x=(x^2+0.8)^{\frac{1}{3}}$，$x_{k+1}=(x_k^2+0.8)^{\frac{1}{3}}$，$k=0,1,\cdots$

试判断两个迭代公式是否收敛，并选收敛较快的迭代公式，求出具有 4 位有效数字的根的近似值。

2.7　用 Newton 迭代法求解方程 $f(x)=x-\cos x=0$ 在 $x_0=1$ 附近的实根，要求满足精度 $|x_{k+1}-x_k|<10^{-3}$。

2.8　用 Newton 迭代法求解方程 $x^3-3x-1=0$ 在 $x_0=2$ 附近的根，精确到小数点后第 4 位。

2.9　公元 1225 年，Leonardo 求得方程 $x^3+2x^2+10x-20=0$ 的一个根 $x^*\approx 1.368\,808\,107$，在当时颇为轰动，但无人知道他是用什么方法得到的。现在，请你用 Newton 迭代法求该解。

2.10　求方程 $f(x)=x-1.6-0.96\cos x=0$ 的根，尽量使用收敛速度快的方法。

2.11　求方程 $f(x)=e^x-3x^2=0$ 在[3，4]中的根，要求误差的绝对值不超过 10^{-4}。

(1) 选用简单迭代公式 $x_{k+1}=\ln(3x^2)$，$k=0,1,\cdots$，即 $\varphi(x)=\ln(3x^2)$，证明此迭代公式收敛，并取 $x_0=3.5$，迭代计算出满足误差要求的近似值。

(2) 改用 Aitken-Steffensen 加速法，同样取 $x_0=3.5$，迭代计算满足误差要求的近似值，并比较(1)和(2)两种迭代法的迭代次数。

2.12 用正割法求方程 $f(x)=x^3-3x-1=0$ 在 $x_0=2$ 附近的实根，要求精确到 10^{-4}。

2.13 考察求解方程 $12-3x+2\cos x=0$ 的迭代公式

$$x_{k+1}=4+\frac{2}{3}\cos x$$

(1) 证明：该迭代公式对于任意的初值均收敛。

(2) 证明：该迭代公式的线性收敛性。

(3) 取 $x_0=0.4$，求误差绝对值不超过 10^{-3} 的近似根。

2.14 设 $f(x)=0$ 在区间$[a, b]$上有一个根 x^*，并且 $0<m\leqslant f'(x)\leqslant M$，证明：对于任意 $x_0\in[a, b]$，迭代公式

$$x_{k+1}=x_k-\lambda f(x_k),\ k=0, 1, 2, \cdots$$

在 $0<\lambda<\dfrac{2}{M}$时都收敛，并求出最好的 λ。

2.15 求方程 $x^3-x^2-1=0$ 在 $x_0=1.5$ 附近的一个根，将方程改写成下列等价形式，并建立相应的迭代公式。

(1) 等价形式 $x=1+\dfrac{1}{x_k^2}$，迭代公式 $x_{k+1}=1+\dfrac{1}{x_k^2}$

(2) 试讨论两种形式的收敛性。

2.16 用 Newton 迭代法求 $x=2\sin\left(x+\dfrac{\pi}{3}\right)$的最小正根，要求计算结果精确到 10^{-8}。

2.17 证明：$|x_k-x^*|\leqslant\dfrac{L^k}{1-L}|x_1-x_0|$。

2.18 求次数小于等于 3 的多项式 $P(x)$，使其满足 $P(0)=0$，$P'(0)=0$，$P(1)=1$，$P'(1)=2$。

2.19 设 $f(x)=\dfrac{1}{1+x^2}$，在 $-5\leqslant x\leqslant 5$ 上取 $n=10$，计算各节点间中点的值并估算误差。

第 3 章

线性方程组的直接法

许多实际问题的求解都需要解线性方程组，求解线性方程组的数值方法主要有直接法和迭代法。直接法利用一系列递推公式，经过有限步运算后直接求得方程组的解；迭代法借助迭代公式，通过逐渐逼近获得方程组满足精度要求的近似解。本章讨论的是用直接法求解线性方程组。

3.1 Gauss 列主元消去法

3.1.1 Gauss 消去法

Gauss 消去法(Gaussian elimination)是最常见的一种直接法，其基本思想是将一个方程乘以某个常数后再与其他方程相加，逐步减少方程中未知数的个数，从而求得方程组的解。

例 3-1 求解三元一次方程组：

$$\begin{cases}2x_1-x_2+2x_3=4\\x_1+2x_2+3x_3=9\\2x_1-2x_2-3x_3=-3\end{cases}\tag{3-1-1}$$

解 将方程组(3-1-1)第一行的$-\dfrac{1}{2}$倍加到第二行，将第一行的-1倍加到第三行可得

$$\begin{cases}2x_1-x_2+2x_3=4\\\dfrac{5}{2}x_2+2x_3=7\\-x_2-5x_3=-7\end{cases}\tag{3-1-2}$$

再将方程组(3-1-2)第二行的$\dfrac{2}{5}$倍加到第三行，得到一个上三角方程组：

$$\begin{cases} 2x_1 - x_2 + 2x_3 = 4 \\ \dfrac{5}{2}x_2 + 2x_3 = 7 \\ -\dfrac{21}{5}x_3 = -\dfrac{21}{5} \end{cases} \tag{3-1-3}$$

将上三角方程组(3-1-3)第三行中 x_3 的系数化为 1，并从其余的方程中消去 x_3，最终可依次求出方程组(3-1-1)的解，即

$$x_3 = 1,\ x_2 = 2,\ x_1 = 2$$

上述求解过程包括两项工作：第一项是通过消元把方程组化为等价的上三角方程组，这一过程称为消元(elimination)；第二项是对上三角方程组按照未知量从后向前的顺序依次求出原方程组的解，这一过程称为回代(back substitution)。Gauss 消去法由消元和回代两个过程组成，该方法简单直观，容易在计算机上实现，是实际应用中使用较多的一种有效方法。

求解一般线性方程组的 Gauss 消去法过程如下。

设有线性方程组

$$\begin{cases} a_{11}x_1 + a_{12}x_2 + \cdots + a_{1n}x_n = b_1 \\ a_{21}x_1 + a_{22}x_2 + \cdots + a_{2n}x_n = b_2 \\ \cdots \\ a_{n1}x_1 + a_{n2}x_2 + \cdots + a_{nn}x_n = b_n \end{cases} \tag{3-1-4}$$

对应的矩阵形式为

$$\boldsymbol{Ax} = \boldsymbol{b}$$

其中：

$$\boldsymbol{A} = \begin{pmatrix} a_{11} & a_{12} & \cdots & a_{1n} \\ a_{21} & a_{22} & \cdots & a_{2n} \\ \vdots & \vdots & & \vdots \\ a_{n1} & a_{n2} & \cdots & a_{nn} \end{pmatrix},\ \boldsymbol{x} = \begin{pmatrix} x_1 \\ x_2 \\ \vdots \\ x_n \end{pmatrix},\ \boldsymbol{b} = \begin{pmatrix} b_1 \\ b_2 \\ \vdots \\ b_n \end{pmatrix}$$

第 1 步：设 $a_{11} \neq 0$，将式(3-1-4)第一行的 $m_{i1} = -\dfrac{a_{i1}}{a_{11}}$ 倍加到第 i 行($i=2, 3, \cdots n$)，得

$$\boldsymbol{A}^{(1)}\boldsymbol{x} = \boldsymbol{b}^{(1)}$$

其中，

$$\boldsymbol{A}^{(1)} = \begin{pmatrix} a_{11} & a_{12} & a_{13} & \cdots & a_{1n} \\ 0 & a_{22}^{(1)} & a_{23}^{(1)} & \cdots & a_{2n}^{(1)} \\ 0 & a_{32}^{(1)} & a_{33}^{(1)} & \cdots & a_{3n}^{(1)} \\ \vdots & \vdots & \vdots & & \vdots \\ 0 & a_{n2}^{(1)} & a_{n3}^{(1)} & \cdots & a_{nn}^{(1)} \end{pmatrix},\ \boldsymbol{b}^{(1)} = \begin{pmatrix} b_1 \\ b_2^{(1)} \\ b_3^{(1)} \\ \vdots \\ b_n^{(1)} \end{pmatrix} \tag{3-1-5}$$

$\boldsymbol{A}^{(1)}$ 与 $\boldsymbol{b}^{(1)}$ 各元素的计算公式为

$$\begin{cases} a_{ij}^{(1)} = a_{ij} - m_{i1}a_1,\ i = 2, \cdots, n;\ j = 2, \cdots, n \\ b_i^{(1)} = b_i - m_{i1}b_1,\ i = 2, \cdots, n \end{cases}$$

第 2 步：若 $a_{22}^{(1)} \neq 0$，将式(3-1-5)第二行的 $m_{i2} = -\frac{a_{i2}^{(1)}}{a_{22}^{(1)}}$ 倍加到第 i 行($i=3, \cdots, n$)得

$$\boldsymbol{A}^{(2)} \boldsymbol{x} = \boldsymbol{b}^{(2)}$$

其中，

$$A^{(2)} = \begin{pmatrix} a_{11} & a_{12} & a_{13} & \cdots & a_{1n} \\ 0 & a_{22}^{(1)} & a_{23}^{(1)} & \cdots & a_{2n}^{(1)} \\ 0 & 0 & a_{33}^{(2)} & \cdots & a_{3n}^{(2)} \\ 0 & 0 & a_{43}^{(2)} & \cdots & a_{4n}^{(2)} \\ \vdots & \vdots & \vdots & & \vdots \\ 0 & 0 & a_{n3}^{(2)} & \cdots & a_{nn}^{(2)} \end{pmatrix}, \quad b^{(2)} = \begin{pmatrix} b_1 \\ b_2^{(1)} \\ b_3^{(2)} \\ b_4^{(2)} \\ \vdots \\ b_n^{(2)} \end{pmatrix} \tag{3-1-6}$$

$\boldsymbol{A}^{(2)}$ 与 $\boldsymbol{b}^{(2)}$ 各元素的计算公式为

$$\begin{cases} a_{ij}^{(2)} = a_{ij}^{(1)} - m_{i2} a_{2j}^{(1)}, & i = 3, \cdots, n_i; \ j = 3, \cdots, n \\ b_i^{(2)} = b_i^{(1)} - m_{i2} b_2^{(1)}, & i = 3, \cdots, n \end{cases}$$

第 k 步：设经过 $k-1$ 步后得到的等价方程组为

$$\boldsymbol{A}^{(k-1)} \boldsymbol{x} = \boldsymbol{b}^{(k-1)}$$

其中，

$$\boldsymbol{A}^{(k-1)} = \begin{pmatrix} a_{11} & a_{12} & \cdots & a_{1k} & \cdots & a_{1n} \\ 0 & a_{22}^{(1)} & \cdots & a_{2k}^{(1)} & \cdots & a_{2n}^{(1)} \\ \vdots & \vdots & & \vdots & & \vdots \\ 0 & 0 & \cdots & a_{kk}^{(k-1)} & \cdots & a_{kn}^{(k-1)} \\ \vdots & \vdots & & \vdots & & \vdots \\ 0 & 0 & \cdots & a_{nk}^{(k-1)} & \cdots & a_{nn}^{(k-1)} \end{pmatrix}, \quad \boldsymbol{b}^{(k-1)} = \begin{pmatrix} b_1 \\ b_2^{(1)} \\ \vdots \\ b_k^{(k-1)} \\ \vdots \\ b_n^{(k-1)} \end{pmatrix} \tag{3-1-7}$$

若 $a_{kk}^{(k-1)} \neq 0$，将式(3-1-7)第 k 行的 $m_{ik} = -\frac{a_{ik}^{(k-1)}}{a_{kk}^{(k-1)}}$倍加到第 i 行($i=k+1, \cdots, n$)，得

$$\boldsymbol{A}^{(k)} \boldsymbol{x} = \boldsymbol{b}^{(k)}$$

其中，

$$\boldsymbol{A}^{(k)} = \begin{pmatrix} a_{11} & \cdots & a_{1k} & a_{1,k+1} & \cdots & a_{1n} \\ \vdots & & \vdots & \vdots & & \vdots \\ 0 & \cdots & a_{k,k}^{(k-1)} & a_{k,k+1}^{(k-1)} & \cdots & a_{kn}^{(k-1)} \\ 0 & \cdots & 0 & a_{k+1,k+1}^{(k)} & & a_{k+1,n}^{(k)} \\ \vdots & & \vdots & \vdots & & \vdots \\ 0 & \cdots & 0 & a_{n,k+1}^{(k)} & \cdots & a_{nn}^{(k)} \end{pmatrix}, \quad \boldsymbol{b}^{(k)} = \begin{pmatrix} b_1 \\ \vdots \\ b_k^{(k-1)} \\ b_{k+1}^{(k)} \\ \vdots \\ b_n^{(k)} \end{pmatrix} \tag{3-1-8}$$

$\boldsymbol{A}^{(k)}$ 与 $\boldsymbol{b}^{(k)}$ 各元素的计算公式为

$$\begin{cases} a_{ij}^{(k)} = a_{ij}^{(k-1)} - m_{ik} a_{kj}^{(k-1)}, & i = k+1, \cdots, n; \ j = k+1, \cdots, n \\ b_i^{(k)} = b_i^{(k-1)} - m_{ik} b_k^{(k-1)}, & i = k+1, k, \cdots, n \end{cases}$$

按照上述方法，经过 $n-1$ 步后就可以得到与原线性方程组等价的上三角方程组：

$$\boldsymbol{A}^{(n-1)} \boldsymbol{x} = \boldsymbol{b}^{(n-1)}$$

其中：

$$A^{(n-1)}=\begin{bmatrix} a_{11} & a_{12} & \cdots & a_{1n} \\ 0 & a_{22}^{(1)} & \cdots & a_{2n}^{(1)} \\ 0 & 0 & \ddots & \vdots \\ 0 & 0 & \cdots & a_{nn}^{(n-1)} \end{bmatrix},\ b^{(n-1)}=\begin{bmatrix} b_1 \\ b_2^{(1)} \\ \vdots \\ b_n^{(n-1)} \end{bmatrix} \tag{3-1-9}$$

若 $a_{nn}^{(n-1)}\neq 0$，就可求得原线性方程组(3-1-4)解的回代公式：

$$\begin{cases} x_n=\dfrac{b_n^{(n-1)}}{a_{nn}^{(n-1)}} \\ x_i=\dfrac{\left(b_i^{(i-1)}-\sum\limits_{j=i+1}^{n}a_{ij}^{(i-1)}x_j\right)}{a_{ij}^{(i-1)}},\ i=n-1,\ n-2,\ \cdots,\ 1 \end{cases}$$

其中，$b_1^{(0)}=b_1$，$a_{1i}^{(0)}=a_{1i}(i=1,\ 2,\ \cdots,\ n)$。

Gauss 消去法中的主元素 $a_{kk}^{(k-1)}(k=1,\ 2,\ \cdots,\ n)$至关重要，$a_{kk}^{(k-1)}\neq 0(k=1,\ 2,\ \cdots,\ n)$才能保证 Gauss 消去法顺利实施。以下定理给出了 $a_{kk}^{(k-1)}\neq 0(k=1,\ 2,\ \cdots,\ n)$的充要条件。

定理 3-1 主元素 $a_{kk}^{(k-1)}\neq 0(k=1,\ 2,\ \cdots,\ n)$的充要条件是矩阵 **A** 的顺序主子式 $\boldsymbol{D}_i\neq 0$ $(i=1,\ 2,\ \cdots,\ n)$，即

$$D_1=a_{11}\neq 0$$

$$\boldsymbol{D}_i=\begin{pmatrix} a_{11} & \cdots & a_{1i} \\ \vdots & & \vdots \\ a_{i1} & \cdots & a_{ii} \end{pmatrix}\neq 0,\ i=2,\ 3,\ \cdots,\ n$$

利用数学归纳法很容易证明，此处从略。

推论 如果矩阵 **A** 的顺序主子式 $\boldsymbol{D}_i\neq 0(i=1,\ 2,\ \cdots,\ n-1)$，则

$$\begin{cases} a_{11}^{(0)}=D_1 \\ a_{ii}^{(i-1)}=\dfrac{\boldsymbol{D}_i}{\boldsymbol{D}_{i-1}},\ i=2,\ 3,\ \cdots,\ n \end{cases}$$

以下给出 Gauss 消去法的算法描述。

算法 3-1： Gauss 消去法

输入：增广矩阵。

输出：方程组的解或失败信息。

```
n = length(b)；
for k=1：n-1，for i=k+1：n，mik=A(i，k)/A(k，k)；    %消元
for j=k+1：n，A(i，j)=A(i，j)-mik * A(k，j)；
end for
b(i)=b(i)-mik * b(k)；
end for，end for
x(n)=b(n)/A(n，n)；
```

```
for i=n-1：-1：1，for j=i+1：n，x(i)=x(i)+A(i，j)*x(j)；　%回代
end for
x(i)=(b(i)-x(i))/A(i，i)；
end for
```

3.1.2　Gauss 列主元消去法

如果元素 $a_{kk}^{(k-1)}(k=1, 2, \cdots, n-1)$的绝对值很小，Gauss 消去法虽可进行，但可能会导致所得的数值结果产生较大误差甚至失真，在第 1 章例 1－5 中已经看到了这种现象。为避免发生误差较大甚至结果完全错误的情况，可以采用列选主元方法求解线性方程组。其基本思想是：在进行第 $k(k=1, 2, \cdots, n-1)$步消元时，从第 k 列的 a_{kk} 及以下的各元素中选取绝对值最大的元素，然后通过行变换将其交换到主元素 a_{kk} 的位置上，再进行消元。

例 3－2　采用列选主元方法求解线性方程组。

$$\begin{pmatrix} 0.003\,000 & 59.14 \\ 5.291 & -6.130 \end{pmatrix} \begin{pmatrix} x_1 \\ x_2 \end{pmatrix} = \begin{pmatrix} 59.17 \\ 46.78 \end{pmatrix}$$

解　由于 5.291 远大于 0.003 000，可以进行换行，将原方程组改写为等价的形式：

$$\begin{pmatrix} 5.291 & -6.130 \\ 0.003\,000 & 59.14 \end{pmatrix} \begin{pmatrix} x_1 \\ x_2 \end{pmatrix} = \begin{pmatrix} 46.78 \\ 59.17 \end{pmatrix}$$

消元后得

$$\begin{pmatrix} 5.291 & -6.130 \\ 0 & 59.1435 \end{pmatrix} \begin{pmatrix} x_1 \\ x_2 \end{pmatrix} = \begin{pmatrix} 46.78 \\ 59.1435 \end{pmatrix}$$

其中，乘数

$$m_{21} = -\frac{0.003\,000}{5.291} = -0.000\,567\,0$$

经过回代计算得

$$x_2 = 1.000, \quad x_1 = 10.00$$

上述方法通过换行选取绝对值最大的数作为主元素，大大提高了解的精度，也被称为 Gauss 列主元消去法(Gaussian elimination with maximal column pivoting)，在实际应用中使用较多。

以下给出 Gauss 列主元消去法的算法描述。

算法 3－2：Gauss 列主元消去法

```
输入：方程组未知量个数；增广矩阵。
输出：方程组的解。
n = length(b)；
for k=1：n-1，[value position]=max(abs(A(k：n，k)))；%主元所在位置和主元的值
if position~=1
a_k_position=A(k，k：n)，b_k_position=b(k)；
```

```
A(k, k: n)=A(position+k-1, k: n);
A(position+k-1, k: n)=a_k_position;
b(k)=b(position+k-1);
b(position+k-1)=b_k_position;
end if
for i=k+1: n        %消元
mik=A(i, k)/A(k, k);
for j=k+1: n
A(i, j)=A(i, j)-mik * A(k, j);
end for
b(i)=b(i)-mik * b(k);
end for
end for
x(n)=b(n)/A(n, n);
for i=n-1: -1: 1
for j=i+1: n
x(i)=x(i)+A(i, j) * x(j);
end for
x(i)=(b(i)-x(i))/A(i, i);
end for
```

除了 Gauss 列主元消去法外，还可采用 Gauss 全主元消去法(complete Gaussian pivoting elimination)避免主元素绝对值过小的情况，其基本思想是：在进行第 $k(k=1, 2, \cdots, n-1)$ 步消元时，不再像 Gauss 列主元消去法那样仅限于从第 k 列的 a_{kk} 及以下的各元素中选取绝对值最大者，而是从整个右下角的 $(n-k+1)$ 阶子阵中选取绝对值最大的元素，然后通过行变换与列变换将它交换到主元素 a_{kk} 的位置上，再进行 Gauss 全主元消去法，在消元过程中可能需要进行列交换，从而交换两个相应未知变量的次序。因此，在应用 Gauss 全主元消元法时，必须在选主元过程中记录所进行的一切列交换，以便在最后结果中恢复未知变量的次序。

3.2 LU 分解法

定义 3-1 若 n 阶矩阵 $\boldsymbol{A}$ 可分解为一个下三角矩阵(lower-triangular matrix) $\boldsymbol{L}$ 和一个上三角矩阵(upper-triangular matrix)$\boldsymbol{U}$ 的乘积，即

$$\boldsymbol{A}=\boldsymbol{LU} \tag{3-2-1}$$

则称这种分解为方阵 $\boldsymbol{A}$ 的一种 LU 分解 (LU decomposition)，通常也称为方阵三角分解法(triangular decomposition)。若 $\boldsymbol{L}$ 为单位下三角矩阵，则称这种分解为方阵 Doolittle 分解；若 $\boldsymbol{U}$ 为单位上三角矩阵，则称这种分解为方阵 $\boldsymbol{A}$ 的 Crout 分解。

定理 3-2(矩阵的 LU 分解定理) 设 $\boldsymbol{A}$ 为 n 阶矩阵，如果 $\boldsymbol{A}$ 的顺序主子式 $\boldsymbol{D}_k\neq 0$

$(k=1, 2, \cdots, n-1)$，则 $\boldsymbol{A}$ 可分解为一个单位下三角矩阵 $\boldsymbol{L}$ 和一个上三角矩阵 $\boldsymbol{U}$ 的乘积，且这种分解是唯一的。

3.2.1 Doolittle 分解法

假设

$$\boldsymbol{A}=\boldsymbol{L}\boldsymbol{U}$$

其中：

$$\boldsymbol{L}=\begin{pmatrix} 1 & & & & \\ l_{21} & 1 & & & \\ l_{31} & l_{32} & \ddots & & \\ \vdots & \vdots & \ddots & 1 & \\ l_{n1} & l_{n2} & \cdots & l_{n,n-1} & 1 \end{pmatrix},\ \boldsymbol{U}=\begin{pmatrix} u_{11} & u_{12} & u_{13} & \cdots & u_{1n} \\ & u_{22} & u_{23} & \cdots & u_{2n} \\ & & u_{33} & \cdots & u_{3n} \\ & & & \ddots & \vdots \\ & & & & u_{nn} \end{pmatrix}$$

可按以下步骤确定 $\boldsymbol{L}$ 中的元素 l_{ij} 和 $\boldsymbol{U}$ 中的元素 u_{ij}。

第 1 步：用 $\boldsymbol{L}$ 的第一行去乘 $\boldsymbol{U}$ 的各列，然后用 $\boldsymbol{L}$ 的后面各行去乘 $\boldsymbol{U}$ 的第一列，得

$$a_{1j}=u_{1j},\ j=1, 2, \cdots, n$$
$$a_{i1}=l_{i1}u_{11},\ i=2, 3, \cdots, n$$

从而

$$u_{1j}=a_{1j},\ j=1, 2, \cdots, n \tag{3-2-2}$$

$$l_{i1}=\frac{a_{i1}}{u_{11}},\ i=2, 3, \cdots, n \tag{3-2-3}$$

第 2 步：用 $\boldsymbol{L}$ 的第二行去乘 $\boldsymbol{U}$ 除去第一列后的各列，然后用 $\boldsymbol{L}$ 除去前两行后的各行去乘 $\boldsymbol{U}$ 的第二列，得

$$a_{2j}=l_{21}u_{1j}+u_{2j},\ j=2, 3, \cdots, n$$
$$a_{i2}=l_{i1}u_{12}+l_{i2}u_{22},\ i=3, 4, \cdots, n$$

从而

$$u_{kj}=a_{kj}-\sum_{r=1}^{k-1}l_{kr}u_{rj},\ j=k, k+1, \cdots, n \tag{3-2-4}$$

$$l_{ik}=\frac{\left(a_{ik}-\sum\limits_{i=1}^{k-1}l_{is}u_{sk}\right)}{u_{kk}},\ i=k+1, k+2, \cdots, n \tag{3-2-5}$$

第 k 步：设经过 $k-1$ 步后已经求出 $\boldsymbol{U}$ 的前 $k-1$ 行和 $\boldsymbol{L}$ 的前 $k-1$ 列元素，那么对于第 k 步就有

$$a_{kj}=\sum_{r=1}^{k-1}l_{kr}u_{rj}+u_{kj},\ j=k, k+1, \cdots, n$$

$$a_{ik}=\sum_{s=1}^{k}l_{is}u_{sk},\ i=k+1, k+2, \cdots, n$$

从而

$$u_{kj}=a_{kj}-\sum_{r=1}^{k-1}l_{kr}u_{rj},\ j=k, k+1, \cdots, n \tag{3-2-6}$$

$$l_{ik}=\frac{(a_{ik}-\sum_{s=1}^{k-1}l_{is}u_{sk})}{u_{kk}},\ i=k+1,\ k+2,\ \cdots,\ n \tag{3-2-7}$$

这样就可把 $\boldsymbol{L}$ 和 $\boldsymbol{U}$ 中的待定元素全部确定出来，最终实现对矩阵 $\boldsymbol{A}$ 的 Doolittle 分解。

对矩阵 $\boldsymbol{A}$ 进行 Doolittle 分解后，线性方程组(3-1-4)就等价于两个三角方程组

$$\boldsymbol{L}\boldsymbol{y}=\boldsymbol{b} \tag{3-2-8}$$

和

$$\boldsymbol{U}\boldsymbol{x}=\boldsymbol{y} \tag{3-2-9}$$

先求解方程组(3-2-8)，然后将结果代入式(3-2-9)，再求解方程(3-2-9)即可获得原方程组的解。

例 3-3 用 Doolittle 分解法解线性方程组：

$$\begin{cases}x_1+2x_2+6x_3=1\\2x_1+5x_2+15x_3=3\\6x_1+15x_2+46x_3=10\end{cases}$$

解 由式(3-2-2)～式(3-2-7)，得

$$u_{11}=a_{11}=1,\ u_{12}=a_{12}=2,\ u_{13}=a_{13}=6$$

$$l_{21}=\frac{a_{21}}{u_{11}}=\frac{2}{1}=2$$

$$l_{31}=\frac{a_{31}}{u_{11}}=\frac{6}{1}=6$$

$$u_{22}=a_{22}-l_{21}u_{12}=5-2\times2=1$$

$$u_{23}=a_{23}-l_{21}u_{12}=15-2\times6=3$$

$$l_{32}=\frac{(a_{32}-l_{21}u_{13})}{u_{22}}=\frac{(15-2\times6)}{1}=3$$

$$u_{33}=a_{33}-l_{31}u_{13}-l_{32}u_{23}=46-6\times6-3\times3=1$$

进而得 Doolittle 分解：

$$\boldsymbol{A}=\begin{pmatrix}1&2&6\\2&5&15\\6&15&46\end{pmatrix}=\begin{pmatrix}1&0&0\\2&1&0\\6&3&1\end{pmatrix}\begin{pmatrix}1&2&6\\0&1&3\\0&0&1\end{pmatrix}=\boldsymbol{LU}$$

解 $\boldsymbol{L}\boldsymbol{y}=\boldsymbol{b}$ 得

$$\begin{cases}y_1=b_1=1\\y_2=b_2-2y_1=3-2\times1=1\\y_3=b_3-6y_1-3y_2=10-6\times1-3\times1=1\end{cases}$$

再解 $\boldsymbol{U}\boldsymbol{x}=\boldsymbol{y}$ 得

$$\begin{cases}x_3=y_3=1\\x_2=y_2-3x_3=1-3\times1=-2\\x_1=y_1-2x_2-6x_3=1-2\times(-2)-6\times1=-1\end{cases}$$

以下给出 Doolittle 分解法的算法描述。

算法 3－3：Doolittle 分解算法

输入：矩阵 A。

输出：矩阵 L，U。

1：$u_{11}=a_{11}$；

2：for j=2 to n

3：$u_{1j}=a_{1j}$；//U 的第一行

4：$l_{j1}=\frac{a_{j1}}{u_{j1}}$；//L 的第一列

5：end for

6：for i=2 to n−1

7：$u_{ii}=a_{ii}-\sum_{k=1}^{i-1}l_{ik}u_{ki}$；

8：for j=i+1 to n do；

9：$u_{ij}=a_{ij}-\sum_{k=1}^{i-1}l_{ik}u_{ki}$；

10：end for

11：end for

12：$u_{nn}=a_{nn}-\sum_{k=1}^{n-1}l_{nk}u_{kn}$；

13：return (l_{ij})，(u_{ij})；

编程计算过程中，当 u_{kj} 计算好后 a_{kj} 就不再参与运算，计算过 l_{ik} 后 a_{ik} 不再使用，为节省存储空间，往往把计算所得的 u_{kj} 和 l_{ik} 存放在 $\boldsymbol{A}$ 的相应位置，例如

$$\boldsymbol{A}=\begin{pmatrix}a_{11} & a_{12} & a_{13}\\ a_{21} & a_{22} & a_{23}\\ a_{31} & a_{32} & a_{33}\end{pmatrix}\rightarrow\begin{pmatrix}u_{11} & u_{12} & u_{13}\\ l_{21} & u_{22} & u_{23}\\ l_{31} & l_{32} & u_{33}\end{pmatrix}$$

Matlab 中矩阵的 LU 分解函数是 lu，其调用格式为

[L，U]=lu(A)或[L，U，P]=lu(A)。

前一种格式返回一个上三角矩阵 $\boldsymbol{U}$ 和单位下三角矩阵(或其行交换后的矩阵)$\boldsymbol{L}$，使得 $\boldsymbol{A}=\boldsymbol{LU}$；后一种格式返回一个上三角矩阵 $\boldsymbol{U}$ 和一个单位下三角矩阵 $\boldsymbol{L}$ 及一个置换矩阵(单位矩阵作行交换后的矩阵)$\boldsymbol{P}$，使得 $\boldsymbol{PA}=\boldsymbol{LU}$。

例 3－4　求矩阵 $\boldsymbol{A}=\begin{pmatrix}2 & 2 & 3\\ 4 & 7 & 7\\ -2 & 4 & 5\end{pmatrix}$ 的 LU 分解。

解　命令如下：

```
>> A=[2, 2, 3; 4, 7, 7; -2, 4, 5];
>> [L, U] =lu(A)
```

根据程序运行结果，得

$$\boldsymbol{L}=\begin{pmatrix}0.5 & -0.2 & 1\\ 1 & 0 & 0\\ -0.5 & 1 & 0\end{pmatrix},\ \boldsymbol{U}=\begin{pmatrix}0.5 & -0.2 & 1\\ 1 & 0 & 0\\ -0.5 & 1 & 0\end{pmatrix}$$

此时得到的 $\boldsymbol{L}$ 不是一个下三角矩阵，而是把一个下三角矩阵的第一行与第二行交换后，再将第一行与第三行交换的结果。使用第二种格式会得到：

```
>>[L, U, P] =lu(A)
L =
1.0000
- 0.5000 1.0000
0.5000 - 0.2000 1.0000
U =
4 .0000 7.0000 7.0000
7.5000 8.5000
1.2000
P=
0    1    0
0    0    1
1    0    0
```

3.2.2 Crout 分解法

假设

$$\boldsymbol{A} = \tilde{\boldsymbol{L}}\tilde{\boldsymbol{U}}$$

其中，

$$\tilde{\boldsymbol{L}} = \begin{pmatrix} \tilde{l}_{11} & & & & \\ \tilde{l}_{21} & \tilde{l}_{22} & & & \\ \tilde{l}_{31} & \tilde{l}_{32} & \tilde{l}_{33} & & \\ \vdots & \vdots & \vdots & \ddots & \\ \tilde{l}_{n1} & \tilde{l}_{n2} & \tilde{l}_{n3} & \cdots & \tilde{l}_{nn} \end{pmatrix}, \tilde{\boldsymbol{U}} = \begin{pmatrix} 1 & \tilde{u}_{12} & \tilde{u}_{13} & \cdots & \tilde{u}_{1n} \\ & 1 & \tilde{u}_{23} & \cdots & \tilde{u}_{2n} \\ & & 1 & \cdots & u_{3n} \\ & & & \ddots & \vdots \\ & & & & 1 \end{pmatrix}$$

用 Doolittle 分解确定 $\boldsymbol{L}$ 中元素 l_{ij} 和 $\boldsymbol{U}$ 中元素 u_{ij} 的方法，可确定$\tilde{\boldsymbol{L}}$ 中的元素 $\tilde{l}_{ij}$ 和$\tilde{\boldsymbol{U}}$ 中的元素 $\tilde{u}_{ij}$。

$$\tilde{l}_{i1} = a_{i1}, \ i = 1, 2, \cdots, n \tag{3-2-10}$$

$$\tilde{u}_{1j} = \frac{a_{1j}}{\tilde{l}_{11}}, \ j = 2, 3, \cdots, n \tag{3-2-11}$$

对于 $k=2, 3, \cdots, n-1$。

$$\tilde{l}_{ik} = a_{ik} - \sum_{r=1}^{k-1} \tilde{l}_{ir}\tilde{u}_{rk}, \ i = k, k+1, \cdots, n \tag{3-2-12}$$

$$\tilde{u}_{kj} = \frac{(a_{kj} - \sum_{s=1}^{k-1} \tilde{l}_{ks}\tilde{u}_{sj})}{\tilde{l}_{kk}}, \ j = k+1, k+2, \cdots, n \tag{3-2-13}$$

在 Doolittle 分解过程中，每一步都是先计算上三角阵 $\boldsymbol{U}$ 的一行，再计算单位下三角阵 $\boldsymbol{L}$ 相应的一列；而在 Crout 分解中，每一步都要先计算下三角阵 $\widetilde{\boldsymbol{L}}$ 的一列，然后再计算单位上三角阵 $\widetilde{\boldsymbol{U}}$ 相应的一行，这样才能保证计算过程顺利向前推进。同样，为节省存储空间，编程过程中往往把计算所得的 $\widetilde{l}_{ik}$ 和 $\widetilde{u}_{kj}$ 存放在矩阵 $\boldsymbol{A}$ 的相应位置。

矩阵 $\boldsymbol{A}$ 的 Crout 分解实际上就是先对 $\boldsymbol{A}^{\mathrm{T}}$ 进行 LU 分解，得到 $\boldsymbol{A}^{\mathrm{T}}=\boldsymbol{LU}$，再取

$$\widetilde{\boldsymbol{L}}=\boldsymbol{U}^{\mathrm{T}},\ \widetilde{\boldsymbol{U}}=\boldsymbol{L}^{\mathrm{T}}$$

于是

$$\boldsymbol{A}=(\boldsymbol{LU})^{\mathrm{T}}=\boldsymbol{U}^{\mathrm{T}}\boldsymbol{L}^{\mathrm{T}}=\widetilde{\boldsymbol{L}}\widetilde{\boldsymbol{U}}$$

3.2.3　Cholesky 分解法

Cholesky 分解法（Cholesky decomposition method）也称为平方根法（square-root method），是求解系数矩阵为对称正定矩阵的线性方程组的一种常用方法，是一种特殊形式的 LU 分解方法。

定义 3－2　若矩阵 $\boldsymbol{A}\in\boldsymbol{R}^{n\times n}$ 满足：

(1) $\boldsymbol{A}^{\mathrm{T}}=\boldsymbol{A}$；

(2) $\boldsymbol{A}$ 的各阶顺序主子式都为正，则称 $\boldsymbol{A}$ 为对称正定矩阵。

若 $\boldsymbol{A}$ 是对称正定矩阵，则根据定理 3－2，存在单位下三角阵 $\boldsymbol{L}$、对角阵 $\boldsymbol{D}$ 和单位上三角阵 $\widetilde{\boldsymbol{U}}$，使得

$$\boldsymbol{A}=\boldsymbol{L}\boldsymbol{D}\widetilde{\boldsymbol{U}}$$

由于 $\boldsymbol{A}^{\mathrm{T}}=\boldsymbol{A}$，故

$$\boldsymbol{A}=\widetilde{\boldsymbol{U}}^{\mathrm{T}}\boldsymbol{D}\boldsymbol{L}^{\mathrm{T}}$$

从而得

$$\widetilde{\boldsymbol{U}}=\boldsymbol{L}^{\mathrm{T}}$$

即有

$$\boldsymbol{A}=\boldsymbol{L}\boldsymbol{D}\boldsymbol{L}^{\mathrm{T}} \tag{3-2-14}$$

记 $\boldsymbol{D}=\mathrm{diag}(d_1,\ d_2,\ \cdots,\ d_n)$ 为对角矩阵，则由式(3－2－14)知 $\boldsymbol{A}_i$ 的行列式为

$$|\boldsymbol{A}_i|=\begin{vmatrix} a_{11} & a_{12} & \cdots & a_{1i} \\ a_{21} & a_{22} & \cdots & a_{2i} \\ \vdots & \vdots & & \vdots \\ a_{n1} & a_{n2} & \cdots & a_{ni} \end{vmatrix}=d_1d_2\cdots d_i>0,\ i=1,\ 2,\ \cdots,\ n$$

从而有 $d_i>0(i=1,\ 2,\ \cdots,\ n)$。

$$\boldsymbol{D}^{\frac{1}{2}}=\mathrm{diag}(\sqrt{d_1},\ \sqrt{d_2},\ \cdots,\ \sqrt{d_n}),\ \hat{\boldsymbol{L}}=\boldsymbol{L}\boldsymbol{D}^{\frac{1}{2}}，则$$

$$\boldsymbol{A}=\boldsymbol{L}\boldsymbol{D}^{\frac{1}{2}}\boldsymbol{D}^{\frac{1}{2}}L^{\mathrm{T}}=\boldsymbol{L}\boldsymbol{D}^{\frac{1}{2}}(\boldsymbol{L}\boldsymbol{D}^{\frac{1}{2}})^{\mathrm{T}}=\hat{\boldsymbol{L}}\hat{\boldsymbol{L}}^{\mathrm{T}}$$

这就是对称正定矩阵的 Cholesky 分解。

类似于 Doolittle 分解，由

$$\boldsymbol{A}=\begin{pmatrix} a_{11} & a_{12} & \cdots & a_{1n} \\ a_{21} & a_{22} & \cdots & a_{2n} \\ \vdots & \vdots & & \vdots \\ a_{n1} & a_{n2} & \cdots & a_{nn} \end{pmatrix}=\begin{pmatrix} \hat{l}_{11} & & & \\ \hat{l}_{21} & \hat{l}_{22} & & \\ \vdots & \vdots & \ddots & \\ \hat{l}_{n1} & \hat{l}_{n2} & \cdots & \hat{l}_{nn} \end{pmatrix}\begin{pmatrix} \hat{l}_{11} & \hat{l}_{21} & \cdots & \hat{l}_{n1} \\ & \hat{l}_{22} & \cdots & \hat{l}_{n2} \\ & & \ddots & \vdots \\ & & & \hat{l}_{nn} \end{pmatrix}=\hat{\boldsymbol{L}}\hat{\boldsymbol{L}}^{\mathrm{T}}$$

直接计算可得

$$\hat{l}_{11}=\sqrt{a_{11}} \tag{3-2-15}$$

$$\hat{l}_{i1}=\frac{a_{i1}}{\hat{l}_{11}},\ i=2,\ 3,\ \cdots,\ n \tag{3-2-16}$$

$$\hat{l}_{kk}=\sqrt{a_{kk}-\sum_{r=1}^{k-1} l^2_{kr}},\ k=2,\ 3,\ \cdots,\ n \tag{3-2-17}$$

$$\hat{l}_{ik}=\frac{a_{ik}-\sum_{r=1}^{k-1}\hat{l}_{ir}\hat{l}_{kr}}{\hat{l}_{kk}},\ i=k+1,\ k,\ \cdots,\ n;\ k=2,\ 3,\ \cdots,\ n \tag{3-2-18}$$

以上公式称为对称正定矩阵的 Cholesky 分解公式，也称为对称正定矩阵方程组的平方根法计算公式。上述计算过程中，在计算下三角阵$\hat{\boldsymbol{L}}$ 对角线上的元素 $\hat{l}_{kk}$ 时，用到了开方运算。为避免开方运算，对矩阵 $\boldsymbol{A}$ 可以采用式(3-2-14)形式的分解，即有

$$\boldsymbol{A}=\begin{pmatrix} 1 & & & \\ l_{21} & 1 & & \\ \vdots & \vdots & \ddots & \\ l_{n1} & l_{n2} & \cdots & 1 \end{pmatrix}\begin{pmatrix} d_1 & & & \\ & d_2 & & \\ & & \ddots & \\ & & & d_n \end{pmatrix}\begin{pmatrix} 1 & l_{21} & \cdots & l_{n1} \\ & 1 & \cdots & l_{n2} \\ & & \ddots & \vdots \\ & & & 1 \end{pmatrix}$$

直接计算可得分解公式

$$d_1=a_{11} \tag{3-2-19}$$

$$l_{i1}=\frac{a_{i1}}{d_1},\ i=2,\ 3,\ \cdots,\ n \tag{3-2-20}$$

对于 $k=2,\ 3,\ \cdots,\ n$，有

$$d_k=a_k-\sum_{r=1}^{k-1} d_r l_k{}^2 l_{kr}{}^2 \tag{3-2-21}$$

$$l_{ik}=\frac{\left(a_{ik}-\sum_{r=1}^{i-1} d_r l_{ir} l_{kr}\right)}{d_k},\ i=k+1,\ k,\ \cdots,\ n \tag{3-2-22}$$

运用这种矩阵分解方法，求解方程组 $\boldsymbol{Ax}=\boldsymbol{b}$ 可归结为求解两个三角方程组

$$\boldsymbol{Ly}=\boldsymbol{b}$$

和

$$\boldsymbol{L}^{\mathrm{T}}\boldsymbol{x}=\boldsymbol{D}^{-1}\boldsymbol{y}$$

计算公式分别为

$$y_i=b_i-\sum_{i=1}^{i-1} l_{ri} y_r,\ i=1,\ 2,\ \cdots,\ n \tag{3-2-23}$$

$$x_i = \frac{y_i}{d_i} - \sum_{r=i+1}^{n} l_{ri} x_r, \ i = n, n-1, \cdots, 1 \tag{3-2-24}$$

上述算法称为改进的平方根法(improve square-root method)，也称为改进的 Cholesky 分解法(improved cholesky decomposition method)。

例 3-5 用改进的 Cholesky 分解法求解线性方程组：

$$\begin{cases} 6x_1 + 2x_2 + x_3 - x_4 = 6 \\ 2x_1 + 4x_2 + x_3 = -1 \\ x_1 + x_2 + 4x_3 - x_4 = 5 \\ -x_1 - x_3 + 3x_4 = -5 \end{cases}$$

解 易证系数矩阵为对称正定阵，对其进行 $\boldsymbol{LDL}^{\mathrm{T}}$ 分解可得

$$\boldsymbol{L} = \begin{pmatrix} 1 & & & \\ \frac{1}{3} & 1 & & \\ \frac{1}{6} & \frac{1}{5} & 1 & \\ -\frac{1}{6} & \frac{1}{10} & -\frac{9}{37} & 1 \end{pmatrix}, \ \boldsymbol{D} = \begin{pmatrix} 6 & & & \\ & \frac{10}{3} & & \\ & & \frac{37}{10} & \\ & & & \frac{191}{74} \end{pmatrix}$$

由 $\boldsymbol{Ly} = (6, -1, 5, -5)^{\mathrm{T}}$，可求得

$$\boldsymbol{y} = \left(6, -3, \frac{23}{5}, -\frac{191}{74}\right)^{\mathrm{T}}$$

再由 $\boldsymbol{DL}^{\mathrm{T}}\boldsymbol{x} = \left(6, -3, \frac{23}{5}, -\frac{191}{74}\right)^{\mathrm{T}}$，可得

$$x = (1, -1, 1, -1)^{\mathrm{T}}$$

Matlab 中矩阵的 Cholesky 分解函数是 chol，其调用格式为 $\boldsymbol{R} = \mathrm{chol}(\boldsymbol{A})$ 或 $[\boldsymbol{R}, p] = \mathrm{chol}(\boldsymbol{A})$。第一种格式当 A 正定时返回一个上三角矩阵 $\boldsymbol{R}$，使得 $\boldsymbol{A} = \boldsymbol{R}^{\mathrm{T}}\boldsymbol{R}$；当 $\boldsymbol{A}$ 非对称正定时返回错误信息；第二种返回一个 $q = p-1$ 阶的上三角矩阵 $\boldsymbol{R}$，使得 $\boldsymbol{A}[1: q, 1: q] = \boldsymbol{R}^{\mathrm{T}}\boldsymbol{R}$，即对 $\boldsymbol{A}$ 的最大正定主子矩阵做分解。特别地，当 $\boldsymbol{A}$ 正定时，p 返回 0。另外，若方阵 $\boldsymbol{A}$ 非对称，则 Matlab 分解用 $\boldsymbol{A}$ 上三角的转置替换其下三角的矩阵。

例 3-6 求矩阵 $\boldsymbol{A} = \begin{pmatrix} 2 & 1 & 1 \\ 1 & 2 & -1 \\ 1 & -1 & 3 \end{pmatrix}$ 的 Cholesky 分解。

解 命令如下：

```
>>A=[2, 1, 1; 1, 2, -1; 1, -1, 3];
>>R=chol(A)
R=
1.4142   0.7071    0.7071
   0     1.2247   -1.2247
   0       0       1.0000
```

3.3 三对角方程组的追赶法

在科学与工程计算中常常会遇到求解三对角方程组

$$\boldsymbol{A}\boldsymbol{x}=\boldsymbol{f} \tag{3-3-1}$$

的问题，其中，

$$\boldsymbol{A}=\begin{pmatrix} b_1 & c_1 & & & \\ a_2 & b_2 & c_2 & & \\ & \ddots & \ddots & \ddots & \\ & & a_{n-1} & b_{n-1} & c_{n-1} \\ & & & a_n & b_n \end{pmatrix},\ x=\begin{pmatrix} x_1 \\ x_2 \\ \vdots \\ x_{n-1} \\ x_n \end{pmatrix},\ f=\begin{pmatrix} f_1 \\ f_2 \\ \vdots \\ f_{n-1} \\ f_n \end{pmatrix}$$

这里要求系数矩阵 **A** 满足下面两个条件：

(1) $a_i\neq 0(i=2,3,\cdots,n)$；$c_i\neq 0(i=1,2,\cdots,n-1)$；

(2) $|b_1|>|c_1|$，$|b_i|\geqslant|a_i|+|c_i|(i=2,3,\cdots,n-1)$，$|b_n|>|a_n|$。

条件 (1) 表明方程组(3-3-1)不能降阶，若某个 a_i 或 c_i 为 0，则方程组(3-3-1)不能够分解为两个低阶的方程组；条件 (2) 表明矩阵 **A** 是一个对角占优的三对角阵，能够进行三角分解。

设 **A** 具有如下形式的分解：

$$\boldsymbol{A}=\begin{pmatrix} b_1 & c_1 & & & \\ a_2 & b_2 & c_2 & & \\ & \ddots & \ddots & \ddots & \\ & & a_{n-1} & b_{n-1} & c_{n-1} \\ & & & a_n & b_n \end{pmatrix}$$

$$=\begin{pmatrix} s_1 & & & & \\ r_2 & s_2 & & & \\ & \ddots & \ddots & & \\ & & r_{n-1} & s_{n-1} & \\ & & & r_n & s_n \end{pmatrix}\begin{pmatrix} 1 & t_1 & & & \\ & 1 & t_2 & & \\ & & \ddots & \ddots & \\ & & & 1 & t_{n-1} \\ & & & & 1 \end{pmatrix}$$

其中，r_i、s_i 和 t_i 为待定常数，则有

$$\begin{cases} b_1=s_1,\ c_1=s_1t_1 \\ a_i=r_i,\ b_i=r_it_{i-1}+s_i,\ i=2,3,\cdots,n \\ c_i=s_it_i,\ i=2,3,\cdots,n-1 \end{cases}$$

由此可得如下计算公式：

$$\begin{cases} s_1=b_1,\ t_1=\dfrac{c_1}{s_1} & (3-3-2) \\ r_i=a_i,\ s_i=b_i-r_it_{i-1},\ t_i=\dfrac{c_i}{s_i},\ i=2,3,\cdots,n-1 & (3-3-3) \\ r_n=a_n,\ s_n=b_n-r_nt_{n-1} & (3-3-4) \end{cases}$$

即在 $\boldsymbol{A}$ 满足条件(1)和(2)的情况下，可以把$\{r\}_i$，$\{s_i\}$和$\{t_i\}$完全确定出来，从而实现上述给定形式的 LU 分解，且 r_i 等于 $a_i(i=2, 3, \cdots, n)$。

这样，求解三对角阵方程组 $\boldsymbol{Ax}=\boldsymbol{f}$ 就等价于求解两个三角形方程组

$$\boldsymbol{Ly}=\boldsymbol{f}$$

和

$$\boldsymbol{Ux}=\boldsymbol{y}$$

从而得到：

(1) 计算$\{s_i\}$和$\{t_i\}$的递推公式。

$$\begin{cases} t_1=\dfrac{c_1}{b_1} \\ s_i=b_i-a_it_{i-1},\ t_i=\dfrac{c_i}{s_i},\ i=2, 3, \cdots, n \\ s_n=b_n-a_nt_{n-1} \end{cases}$$

(2) 求解 $\boldsymbol{Ly}=\boldsymbol{f}$。

$$\begin{cases} y_1=\dfrac{f_1}{b_1} \\ y_i=\dfrac{(f_i-a_iy_{i-1})}{s_i},\ i=2, 3, \cdots, n \end{cases}$$

(3) 求解 $\boldsymbol{Ux}=\boldsymbol{y}$。

$$\begin{cases} x_n=y_n \\ x_i=y_i-t_ix_{i+1},\ i=n-1, n-2, \cdots, 1 \end{cases}$$

通常把计算 $t_1\rightarrow t_2\rightarrow\cdots\rightarrow t_{n-1}$ 和 $y_1\rightarrow y_2\rightarrow\cdots\rightarrow y_n$ 的过程称为追的过程，把计算方程组的解 $x_n\rightarrow x_{n-1}\rightarrow\cdots\rightarrow x_1$ 的过程称为赶的过程，这一方法称为解三对角方程组的追赶法(chase after method of tridiagonal equations)。

例 3－7　应用追赶法求解方程组：

$$\begin{cases} 2x_1-x_2=1 \\ -x_1+2x_2-x_3=0 \\ -x_2+2x_3-x_4=0 \\ -x_3+2x_4=0 \end{cases}$$

解　容易验证，此线性方程组的系数矩阵为对角占优的三对角阵，对其进行分解，得

$$\boldsymbol{A}=\begin{pmatrix} 2 & -1 & & \\ -1 & 2 & -1 & \\ & -1 & 2 & -1 \\ & & -1 & 2 \end{pmatrix}=\begin{pmatrix} 2 & & & \\ -1 & \frac{3}{2} & & \\ & -1 & \frac{4}{3} & \\ & & -1 & \frac{5}{4} \end{pmatrix}\begin{pmatrix} 1 & -\frac{1}{2} & & \\ & 1 & -\frac{2}{3} & \\ & & 1 & -\frac{3}{4} \\ & & & 1 \end{pmatrix}=\boldsymbol{LU}$$

由 $\boldsymbol{Ly}=(1, 0, 0, 0)^{\mathrm{T}}$，得

$$\boldsymbol{y}=\left(\frac{1}{2}, \frac{1}{3}, \frac{1}{4}, \frac{1}{5}\right)^{\mathrm{T}}$$

再解 $\boldsymbol{Ux}=\left(\frac{1}{2}, \frac{1}{3}, \frac{1}{4}, \frac{1}{5}\right)^{\mathrm{T}}$，得

$$\boldsymbol{x}=\left(\frac{4}{5}, \frac{3}{5}, \frac{2}{5}, \frac{1}{5}\right)^{\mathrm{T}}$$

以下给出用追赶法求解线性方程组的算法描述。

算法 3-4： 追赶法

输入：方程组未知数的个数 n；对应系数矩阵的三个向量 $\boldsymbol{a}$，$\boldsymbol{b}$，$\boldsymbol{c}$；方程组的右端项 f。

输出：方程组的解。

$x=\frac{f}{b_1}$；

$c=\frac{c_1}{b_1}$；

for $i=2$ to $n-1$ //追的过程

$b_i=b_i-a_i * c_{i-1}$；

$x_i=\frac{(f_i-a_i * x_{i-1})}{b_i}$；

$c_i=\frac{c_i}{b_i}$；

end for

$b_n=b_n-a_n * c_{n-1}$；

$x_n=\frac{(f_n-a_n * x_{n-1})}{b_n}$；

for $i=n-1$ to 1 // 赶的过程

$x_i=x_i-c_i * x_{i+1}$；

end for

return x_1，x_2，…，x_n

本章小结

求解线性方程组的直接法在没有舍入误差的情况下经过有限次运算可以求得方程组的精确解，但实际上借助计算机求解时舍入误差是不可避免的。Gauss 消去法是目前求解中小规模线性方程组常用的方法，一般适用于系数矩阵稠密(即矩阵的绝大多数元素都是非零的)的线性方程组，但这个算法是不稳定的。经过改进的 Gauss 列主元消去法具有良好的数值稳定性，是计算机上使用较多的一种有效方法。LU 分解法考虑直接把系数矩阵分解成两个具有特殊形式的矩阵乘积，Doolittle 分解法和 Crout 分解法是 LU 分解法的两种形式。Cholesky 分解法作用的对象是对称的正定矩阵，这种方法是数值稳定的，为避免开方运算可以对 Cholesky 分解法进行改进。追赶法是求解系数矩阵为对角占优的三对角线性方程组的高效方法，具有方法简单、计算量小和稳定等优点。

实验 3　解线性方程组的直接法

1. 编程求解线性方程组：

$$\begin{pmatrix} 0.001 & 2.000 & 3.000 \\ -1.000 & 3.712 & 4.623 \\ -2.000 & 1.072 & 5.643 \end{pmatrix} \begin{pmatrix} x_1 \\ x_2 \\ x_3 \end{pmatrix} = \begin{pmatrix} 1.000 \\ 2.000 \\ 3.000 \end{pmatrix}$$

用 Gauss 列主元消去法

```
clc;             %清屏
clear all;    %释放变量
A = [0.001 2 3; -1 3.712 4.623; -2 1.072 5.643];
b = [1; 2; 3];
x =gaosi(A, b);
function x =gaosi(A, b)
n = length(b);
for k=1: n-1
    for i=k+1: n
        mik=A(i, k)/A(k, k); %消元因子
        for j=k+1: n
            A(i, j)=A(i, j)-mik * A(k, j);
        end
        b(i)=b(i)-mik * b(k);
    end
end
x(n)=b(n)/A(n, n);
fori=n-1: -1: 1
    for j=i+1: n
        x(i)=x(i)+A(i, j) * x(j);
    end
    x(i)=(b(i)-x(i))/A(i, i);
end
end
```

结果如下：

x = −0.4904　−0.0510　0.3675

用 Doolittle 分解法

```
A = [0.001 2 3; -1 3.712 4.623; -2 1.072 5.643];
    b = [1; 2; 3];
    x=Doolittle(A, b)
    function x=Doolittle(A, b)
    n=length(b);
    k=2;
    X=A;
    Y=b;
    U(1, 1: n)=A(1, 1: n);
    L(2: n, 1)=A(2: n, 1)/U(1, 1);
    for k=2: n
        U(k, k: n)=A(k, k: n)-L(k, 1: k-1) * U(1: k-1, k: n);
        L(k+1: n, k)=(A(k+1: n, k)-L(k+1: n, 1: k-1) * U(1: k-1, k))/U(k, k);
    end
    %用向前消去法解下三角方程组 Ly=b
    y=zeros(n, 1);
    y(1)=b(1);
    for k=2: n
        y(k)=b(k)-L(k, 1: k-1) * y(1: k-1);
    end
    %用回代法解上上角方程组 Ux=y
    x=zeros(n, 1);
    x(n)=y(n)/U(n, n);
    for k=n-1: -1: 1
        x(k)=(y(k)-U(k, k+1: n) * x(k+1: n))/U(k, k);
    end
    end
```

计算结果：

x = -0.4904   -0.0510   0.3675

习 题 3

3.1 用 Gauss 消去法求解线性方程组：

$$\begin{cases} 3x_1 + 2x_2 - 5x_3 = 4 \\ 2x_1 - 3x_2 - x_3 = 8 \\ x_1 + 4x_2 - x_3 = -3 \end{cases}$$

3.2 用 Gauss 列主元消去法解线性方程组：

$$\begin{cases}x_1+2x_2+3x_3=14\\x_2+2x_3=8\\2x_1+4x_2+x_3=13\end{cases}$$

3.3　分别用 Doolittle 分解法和 Crout 分解法求解线性方程组：

$$\begin{cases}x_1+2x_2+3x_3=14\\x_2+2x_3=8\\2x_1+4x_2+x_3=13\end{cases}$$

3.4　将下列三对角矩阵 $\boldsymbol{A}$ 分解为 $\boldsymbol{LDL}^{\mathrm{T}}$ 的形式，其中，$\boldsymbol{L}$ 为单位下三角矩阵，$\boldsymbol{D}$ 为对角矩阵。

$$\boldsymbol{A}=\begin{pmatrix}1&1&0&0&0\\1&2&1&0&0\\0&1&3&1&0\\0&0&1&4&1\\0&0&0&1&5\end{pmatrix}$$

3.5　对于矩阵：

$$\boldsymbol{A}=\begin{pmatrix}-3&0&3\\0&-1&3\\-1&3&0\end{pmatrix}$$

(1) 确定一个单位下三角阵 $\boldsymbol{M}$ 和一个上三角阵 $\boldsymbol{U}$，使得 $\boldsymbol{MA}=\boldsymbol{U}$。

(2) 确定一个单位下三角阵 $\boldsymbol{L}$ 和一个上三角阵 $\boldsymbol{U}$，使得 $\boldsymbol{A}=\boldsymbol{LU}$，并证明 $\boldsymbol{L}=\boldsymbol{M}^{-1}$。

3.6　用追赶法求解线性方程组

$$\begin{pmatrix}4&-1&-1\\-1&4&0\\-1&0&4\end{pmatrix}\begin{pmatrix}x_1\\x_2\\x_3\end{pmatrix}=\begin{pmatrix}1\\0\\2\end{pmatrix}$$

*3.7　用改进的平方根法求解方程组

$$\begin{bmatrix}5&-1&&\\-1&5&-1&\\&-1&5&-1\\&&-1&5\end{bmatrix}\begin{bmatrix}x_1\\x_2\\x_3\\x_4\end{bmatrix}=\begin{bmatrix}1\\2\\3\\4\end{bmatrix}$$

*3.8　证明教材中定理 3 - 1：对于 Gauss 消去法，约化的主元素 $a_{ii}^{(i-1)}\neq 0$ $(i=1, 2, \cdots, k)$ 的充分必要条件是系数矩阵 $\boldsymbol{A}$ 的顺序主子式

$$\boldsymbol{D}_i=\begin{vmatrix}a_{11}&a_{12}&\cdots&a_{1i}\\a_{21}&a_{22}&\cdots&a_{2i}\\\vdots&\vdots&&\vdots\\a_{n1}&a_2&\cdots&a_{ii}\end{vmatrix}\neq 0,\ i=1, 2, \cdots, k$$

*3.9　举例说明一个非奇异矩阵可能不存在 LU 分解。

*3.10　试推导用 Cholesky 分解法求解对称正定的三对角方程组（即系数矩阵是对称正定的三对角矩阵）的计算公式。

3.11 考虑线性方程组 $\boldsymbol{U}\boldsymbol{x}=\boldsymbol{d}$，其中 $\boldsymbol{U}$ 为 $n\times n$ 的上三角矩阵，试分析求解它所需的乘除法次数。

3.12 采用部分主元高斯消去法对矩阵进行 LU 分解，写出得到的矩阵 $\boldsymbol{L}$、$\boldsymbol{U}$ 和 $\boldsymbol{P}$。

$$\boldsymbol{A}=\begin{pmatrix}1 & 2 & 3\\ 2 & 4 & 5\\ 3 & 5 & 6\end{pmatrix}$$

3.13 用追赶法解三对角方程组 $\boldsymbol{A}\boldsymbol{x}=\boldsymbol{b}$，其中，

$$\boldsymbol{A}=\begin{pmatrix}2 & -1 & 0 & 0 & 0\\ -1 & 2 & -1 & 0 & 0\\ 0 & -1 & 2 & -1 & 0\\ 0 & 0 & -1 & 2 & -1\\ 0 & 0 & 0 & -1 & 2\end{pmatrix},\ \boldsymbol{b}\begin{pmatrix}1\\0\\0\\0\\0\end{pmatrix}$$

3.14 下列矩阵是否能进行 LU 分解，若能分解，是否唯一？

$$\boldsymbol{A}=\begin{pmatrix}1 & 2 & 3\\ 2 & 4 & 1\\ 4 & 6 & 7\end{pmatrix},\ \boldsymbol{B}=\begin{pmatrix}1 & 1 & 1\\ 2 & 2 & 1\\ 3 & 3 & 1\end{pmatrix}$$

第 4 章

线性方程组的迭代法

对于方程组

$$\boldsymbol{A}\boldsymbol{x}=\boldsymbol{b}$$

若系数矩阵 $\boldsymbol{A}$ 为低阶稠密矩阵，则第 3 章介绍的直接法是求根的有效方法。然而，对于工程技术中产生的大型稀疏矩阵方程组，采用本章介绍的迭代法更为有效。

4.1 向量范数与矩阵范数

为了研究迭代过程中线性方程组近似解的误差和迭代法的收敛性，需要对向量和矩阵的“大小”进行度量。为此，本节引入向量范数和矩阵范数的概念。向量范数是三维欧氏空间中向量长度的推广，在数值计算方法中起着重要的作用。

4.1.1 向量范数

记$\mathbf{R}^n$ 为分量为实数的 n 维向量集合。

定义 4-1 几何上的向量范数(vector norm)是一个$\mathbf{R}^n$ 的函数，它满足以下性质：

(1) 正定性：$\|x\|\geqslant 0$，$\|x\|=0$ 当且仅当 $x=0$。

(2) 齐次性：$\|\alpha x\|=|\alpha|\cdot\|x\|$，$(\alpha\in\mathbf{R})$。

(3) 三角不等式：$\|x+y\|\leqslant\|x\|+\|y\|$。

由此可见，$\mathbf{R}^n$ 上的向量范数其实是以 n 维向量为自变量的一个特殊函数。向量空间上可以定义多种范数，以下给出实向量空间$\mathbf{R}^n$ 中向量 $\boldsymbol{x}$ 的几种常用范数定义。

定义 4-2 设向量 $\boldsymbol{x}=(x_1, x_2, \cdots, x_n)^{\mathrm{T}}$，则有如下定义：

(1) 1-范数：$\|\boldsymbol{x}\|_1=\sum\limits_{i=1}^{n}|x_i|$。

(2) ∞-范数：$\|\boldsymbol{x}\|_\infty = \max\limits_{1\leqslant i\leqslant n} |x_i|$。

(3) 2-范数：$\|\boldsymbol{x}\|_2 = \sqrt{\sum\limits_{i=1}^{n} x_i^2}$。

(4) p-范数：$\|\boldsymbol{x}\|_p = \sqrt[p]{\sum\limits_{i=1}^{n} |x_i|^p}$。

例 4-1 设 $\boldsymbol{x}=(2, -4, 3)^{\mathrm{T}}$，则有

$$\|\boldsymbol{x}\|_1 = |2|+|-4|+|3| = 9$$

$$\|\boldsymbol{x}\|_\infty = \max\{|2|, |-4|, |3|\} = 4$$

$$\|\boldsymbol{x}\|_2 = [2^2+(-4)^2+3^2]^{1/2} = \sqrt{29}$$

定义 4-3 设有 n 维向量序列 $\{\boldsymbol{x}^{(k)}\} = (x_1^{(k)}, x_2^{(k)}, \cdots, x_n^{(k)})^{\mathrm{T}}$ 及 n 维向量 $\boldsymbol{x}=(x_1, x_2, \cdots, x_n)^{\mathrm{T}}$，如果

$$\lim_{n\to\infty} x_i^{(k)} = x_i, \ i=1, 2, \cdots, n$$

成立，则称 $\{\boldsymbol{x}^{(k)}\}$ 收敛于 $\boldsymbol{x}$，记为 $\lim\limits_{n\to\infty} \boldsymbol{x}^{(k)} = \boldsymbol{x}$。

定理 4-1 对任意向量 $\boldsymbol{x}\in\mathbf{R}^n$，有：

(1) $\boldsymbol{x}$ 的范数 $\|\boldsymbol{x}\|$ 是各分量 $x_1, x_2, \cdots, x_n$ 的 n 元连续函数；

(2) $\boldsymbol{x}$ 的任意两种范数均等价，即设 $\|\boldsymbol{x}\|_r$ 和 $\|\boldsymbol{x}\|_s$ 为 $\mathbf{R}^n$ 上任意两种范数，则存在常数 $m, M>0$，使得

$$m\|\boldsymbol{x}\|_r \leqslant \|\boldsymbol{x}\|_s \leqslant M\|\boldsymbol{x}\|_r, \ \forall x\in\mathbf{R}^n$$

(3) 向量序列 $\{\boldsymbol{x}^{(k)}\}$ 收敛于向量 $\boldsymbol{x}$ 等价于 $\{\boldsymbol{x}^{(k)}\}$ 依范数收敛于 $\boldsymbol{x}$，即

$$\lim_{k\to\infty} \|\boldsymbol{x}^{(k)} - \boldsymbol{x}\| = 0$$

其中，$\|\cdot\|$ 为向量的任一范数。

定理 4-1 的结论(3)表明，如果向量序列在一种范数意义下收敛，则在任何一种范数意义下都收敛。

4.1.2 矩阵范数

为将向量范数的定义推广到矩阵上，用 $\mathbf{R}^{n\times n}$ 表示所有 $n\times n$ 阶矩阵的集合。

定义 4-4 若 $\mathbf{R}^{n\times n}$ 上的某个实值函数 $\|\cdot\|$ 满足：

(1) 正定性：$\|\boldsymbol{A}\|>0$，且 $\|\boldsymbol{A}\|=0$ 当且仅当 $\boldsymbol{A}=0$。

(2) 齐次性：$\|\alpha\boldsymbol{A}\| = |\alpha|\cdot\|\boldsymbol{A}\|$ $(\forall\alpha\in R)$。

(3) 三角不等式：$\|\boldsymbol{A}+\boldsymbol{B}\| \leqslant \|\boldsymbol{A}\|+\|\boldsymbol{B}\|$，$\forall \boldsymbol{A}, \boldsymbol{B}\in\mathbf{R}^{n\times n}$。

(4) 相容性：$\|\boldsymbol{AB}\| \leqslant \|\boldsymbol{A}\|\cdot\|\boldsymbol{B}\|$，$\forall \boldsymbol{A}, \boldsymbol{B}\in\mathbf{R}^{n\times n}$。

则称 $\|\cdot\|$ 为 $\mathbf{R}^{n\times n}$ 上的一个矩阵范数(matrix norm)。

定义 4-5 对于给定的向量范数和矩阵范数，如果对任意一个向量 $\boldsymbol{x}\in\mathbf{R}^n$ 和任意一个矩阵 $\boldsymbol{A}\in\mathbf{R}^{n\times n}$ 都有不等式 $\|\boldsymbol{Ax}\| \leqslant \|\boldsymbol{A}\|\cdot\|\boldsymbol{x}\|$ 成立，则称所给的矩阵范数和向量范数是相容的(consistent)。

定义 4-6　设向量 $\boldsymbol{x}\in\mathbf{R}^n$，矩阵 $\boldsymbol{A}\in\mathbf{R}^{n\times n}$，且给定一种向量范数 $\|\cdot\|$，定义矩阵 $\boldsymbol{A}$ 的一个实值函数为：

$$\|\boldsymbol{A}\| = \max_{\boldsymbol{x}\neq 0}\frac{\|\boldsymbol{A}\boldsymbol{x}\|}{\|\boldsymbol{x}\|} = \max_{\|\boldsymbol{x}\|=1}\|\boldsymbol{A}\boldsymbol{x}\| \tag{4-1-1}$$

则称 $\|\boldsymbol{A}\|$ 是通过向量范数 $\|\cdot\|$ 导出的矩阵范数或向量范数 $\|\cdot\|$ 的从属范数。

容易验证式(4-1-1)定义的范数满足定义 4-4 及定义 4-5。

定理 4-2　设 $\boldsymbol{A}\in\mathbf{R}^{n\times n}$，则有：

(1) $\|\boldsymbol{A}\|_1 = \max\limits_{1\leqslant j\leqslant n}\sum\limits_{i=1}^{n}|a_{ij}|$（$\boldsymbol{A}$ 的 1 范数或列范数）；

(2) $\|\boldsymbol{A}\|_2 = \sqrt{\lambda(\boldsymbol{A}^{\mathrm{T}}\boldsymbol{A})_{\max}}$（$\boldsymbol{A}$ 的 2 范数），其中 $\lambda(\boldsymbol{A}^{\mathrm{T}}\boldsymbol{A})_{\max}$ 是矩阵$\boldsymbol{A}^{\mathrm{T}}\boldsymbol{A}$ 的最大特征值；

(3) $\|\boldsymbol{A}\|_\infty = \max\limits_{1\leqslant i\leqslant n}\sum\limits_{j=1}^{n}|a_{ij}|$（$\boldsymbol{A}$ 的无穷范数或列范数）。

例 4-2　计算矩阵

$$\boldsymbol{A} = \begin{pmatrix} 1 & 2 \\ -2 & -3 \end{pmatrix}$$

的 3 种范数。

解　(1) $\|\boldsymbol{A}\|_1 = \max\left\{1+|-2|,\ 2+|-3|\right\} = 5$

(2) 因为

$$\boldsymbol{A}^{\mathrm{T}} = \begin{pmatrix} 1 & -2 \\ 2 & -3 \end{pmatrix},\ \boldsymbol{A}^{\mathrm{T}}\boldsymbol{A} = \begin{pmatrix} 5 & 8 \\ 8 & 13 \end{pmatrix}$$

由 $|\boldsymbol{A}^{\mathrm{T}}\boldsymbol{A}-\lambda I| = 0$ 得

$$\lambda^2 - 18\lambda + 1 = 0$$

解得 $\lambda_1\approx 17.944$，$\lambda_2\approx 0.0557$，因此

$$\|\boldsymbol{A}\|_2 \approx \sqrt{17.994} \approx 4.236$$

(3) $\|\boldsymbol{A}\|_\infty = \max\left\{1+2,\ |-2|+|-3|\right\} = 5$

4.1.3　矩阵谱半径

与矩阵范数相关的一个概念是矩阵谱半径。

定义 4-7　设 $\boldsymbol{A}\in\mathbf{R}^{n\times n}$ 的特征值为 λ_1，λ_2，…，λ_n，称 $\max\limits_{1\leqslant i\leqslant n}|\lambda_i|$ 为 $\boldsymbol{A}$ 的谱半径(spectral radius)，记为 $\rho(\boldsymbol{A})$，即

$$\rho(\boldsymbol{A}) = \max_{1\leqslant i\leqslant n}|\lambda_i|$$

定理 4-3　设 $\boldsymbol{A}\in\mathbf{R}^{n\times n}$，则对任一种矩阵范数 $\|\boldsymbol{A}\|$，均有 $\rho(\boldsymbol{A})\leqslant\|\boldsymbol{A}\|$。

证明　设 λ 为 $\boldsymbol{A}$ 的任一特征值，由定义可知存在 $\boldsymbol{x}\neq\boldsymbol{0}$，使得 $\boldsymbol{A}\boldsymbol{x}=\lambda\boldsymbol{x}$，两边取范数，得

$$|\lambda|\cdot\|\boldsymbol{x}\| = \|\lambda\boldsymbol{x}\| = \|A\boldsymbol{x}\| \leqslant \|\boldsymbol{A}\|\cdot\|\boldsymbol{x}\|$$

注意到 $\|\boldsymbol{x}\|\neq 0$，两边消去 $\|\boldsymbol{x}\|$，得 $|\lambda|\leqslant\|\boldsymbol{A}\|$，故有 $\rho(\boldsymbol{A})\leqslant\|\boldsymbol{A}\|$。

定理 4-4 设 $\boldsymbol{A}\in\mathbf{R}^{n\times n}$，则 $\boldsymbol{A}^k\to\mathbf{0}(k\to\infty)$ 的充分必要条件是 $\boldsymbol{A}$ 的谱半径 $\rho(\boldsymbol{A})<1$。

4.2 Jacobi 迭代法

本节主要介绍最简单的迭代法——Jacobi 迭代法(Jacobi iterative method)。迭代法很少用于求解小维数的线性方程组，因为求满足同样精度要求的解时迭代法所花的时间往往超过了直接法(如 Gauss 消去法)，但对于有大量零元素的大型方程组来说，这种方法在计算机存储和计算等方面是高效的，此类型系统经常出现在电路分析、边界问题的数值求解以及偏微分方程的数值求解中。

类似于求解非线性方程的简单迭代法，使用迭代法求解线性方程组时，首先把方程组 $\boldsymbol{Ax}=\boldsymbol{b}$ 转化成具有 $\boldsymbol{x}=\boldsymbol{Bx}+\boldsymbol{f}$ 形式的等价方程组，然后取定初值 $\boldsymbol{x}^{(0)}$，由迭代公式

$$\boldsymbol{x}^{(k+1)}=\boldsymbol{Bx}^{(k)}+\boldsymbol{f},\ k=0,1,\cdots \tag{4-2-1}$$

可以得到一系列近似解向量 $\{\boldsymbol{x}^{(k)}\}$。如果 $\lim\limits_{k\to\infty}\boldsymbol{x}^{(k)}$ 存在(记为 x^*)，则称此迭代公式收敛，显然 $\boldsymbol{x}^*$ 就是方程组的解，否则称此迭代公式发散。

下面通过一个例子来说明简单迭代法的基本思想。

例 4-3 用 Jacobi 迭代法求解线性方程组 $\boldsymbol{Ax}=\boldsymbol{b}$：

$$\begin{cases}10x_1-x_2+2x_3=6\\-x_1+11x_2-x_3+3x_4=25\\2x_1-x_2+10x_3-x_4=-11\\3x_2-x_3+8x_4=15\end{cases}$$

解 方程组可以写成如下等价形式：

$$\begin{cases}x_1=\dfrac{1}{10}x_2-\dfrac{1}{5}x_3+\dfrac{3}{5}\\[2mm] x_2=\dfrac{1}{11}x_1+\dfrac{1}{11}x_3-\dfrac{3}{11}x_4+\dfrac{25}{11}\\[2mm] x_3=-\dfrac{1}{5}x_1+\dfrac{1}{10}x_2+\dfrac{1}{10}x_4-\dfrac{11}{10}\\[2mm] x_4=-\dfrac{3}{8}x_2+\dfrac{1}{8}x_3+\dfrac{15}{8}\end{cases}$$

即 $\boldsymbol{Ax}=\boldsymbol{b}$ 可以写成 $\boldsymbol{x}=\boldsymbol{Bx}+\boldsymbol{f}$ 的形式，其中

$$\boldsymbol{B}=\begin{pmatrix}0&\dfrac{1}{10}&-\dfrac{1}{5}&0\\[2mm]\dfrac{1}{11}&0&\dfrac{1}{11}&-\dfrac{3}{11}\\[2mm]-\dfrac{1}{5}&\dfrac{1}{10}&0&\dfrac{1}{10}\\[2mm]0&\dfrac{-3}{8}&\dfrac{1}{8}&0\end{pmatrix},\ \boldsymbol{f}=\begin{pmatrix}\dfrac{3}{5}\\[2mm]\dfrac{25}{11}\\[2mm]-\dfrac{11}{10}\\[2mm]\dfrac{15}{8}\end{pmatrix}$$

给定初始近似值$\boldsymbol{x}^{(0)}=(0, 0, 0, 0)^{\mathrm{T}}$，由式(4-2-1)可逐次计算得到$x^{(1)}$，$x^{(2)}$，…，计算结果的近似解如表 4-1 所示。

表 4-1 计算结果近似解

k	1	2	3	4	5	6	7	8	9
$x_1^{(k)}$	0.600	1.047	0.933	1.015	0.989	1.003	0.998	1.001	0.100
$x_2^{(k)}$	2.272	1.715	2.053	1.954	2.011	1.992	2.002	1.998	2.000
$x_3^{(k)}$	−1.100	−0.805	−1.049	−0.968	−1.010	−0.994	−1.002	−0.999	−1.000
$x_4^{(k)}$	1.875	0.885	1.130	0.974	1.021	0.994	1.004	0.999	1.001

根据以下条件可确定迭代 9 次之后结束：

$$\frac{\| x^{(9)}-x^{(8)} \|_\infty}{\| x^{(9)} \|_\infty} \approx \frac{1.777\times 10^{-3}}{2.004} < 10^{-3}$$

事实上，方程组的解为$\boldsymbol{x}=(0.1, 2, -1, 1)^{\mathrm{T}}$。

以上过程称为 Jacobi 迭代法，它从$\boldsymbol{Ax}=\boldsymbol{b}$中的第$i$个方程求解第$i$个分量：

$$x_i=\sum_{\substack{j=1\\ j\neq i}}^{n}\left(-\frac{a_{ij}x_j}{a_{ii}}\right)+\frac{b_i}{a_{ii}},\ i=1, 2, \cdots, n$$

当$k\geqslant 0$时，根据$\boldsymbol{x}^{(k)}$计算可得

$$x_i^{(k+1)}=\frac{\displaystyle\sum_{\substack{j=1\\ j\neq i}}^{n}(-a_{ij}x_j^{(k)})+b_i}{a_{ij}},\ i=1, 2, \cdots, n \tag{4-2-2}$$

将系数矩阵$\boldsymbol{A}$分解为

$$\boldsymbol{A}=\boldsymbol{D}-\boldsymbol{L}-\boldsymbol{U}$$

其中：

$$\boldsymbol{D}=\begin{pmatrix} a_{11} & 0 & \cdots & 0\\ 0 & a_{22} & \ddots & \vdots\\ \vdots & \ddots & \ddots & 0\\ 0 & \cdots & 0 & a_{nn}\end{pmatrix}$$

$$\boldsymbol{L}=\begin{pmatrix} 0 & 0 & \cdots & 0\\ -a_{21} & 0 & \ddots & \vdots\\ \vdots & \ddots & \ddots & 0\\ -a_{n1} & \cdots & -a_{n,n-1} & 0\end{pmatrix}$$

$$\boldsymbol{U}=\begin{pmatrix} 0 & -a_{12} & \cdots & -a_{1n}\\ 0 & 0 & \ddots & \vdots\\ \vdots & & \ddots & -a_{n-1,n}\\ 0 & \cdots & 0 & 0\end{pmatrix}$$

分别是对角、下三角和上三角矩阵。则方程$\boldsymbol{Ax}=\boldsymbol{b}$可转换成

$$\boldsymbol{Dx}=(\boldsymbol{L}+\boldsymbol{U})\boldsymbol{x}+\boldsymbol{b}$$

如果$\boldsymbol{D}^{-1}$存在(即对每个i都有$a_{ii}\neq 0$)，则

$$x = D^{-1}(L + U)x + D^{-1}b$$

由此可得 Jacobi 迭代法的矩阵形：

$$x^{(k+1)} = B_J x^{(k)} + f, \quad k = 0, 1, \cdots \tag{4-2-3}$$

其中，$B_J = D^{-1}(L+U)$，$f = D^{-1}b$。

方程式(4-2-2)用于计算，而方程式(4-2-3)常用于理论研究。

算法 4-1：Jacobi 迭代法

输入：方程组未知数的个数 n，系数矩阵 A，常数项 b，初值 x0，精度要求 ε，最大迭代次数 N。

输出：近似解 x 或失败信息。

1：$k \leftarrow 1$；

2：while $k \leqslant N$

3：for $i=1$ to n

4：$x_i = \dfrac{\sum\limits_{j=1,\, j\neq i}^{n} (-a_{ij}\, x_j^{(0)}) + b_i}{a_{ii}}$，$i=1, 2, \cdots, n$；

5：end for

6：if $\| x - x^{(0)} \| \leqslant \varepsilon$ then

7：return x；

8：end if

9：$k=k+1$；

10：$x^{(0)} = x$；

11：end

12：return false

算法 4-1 要求 $a_{ii} \neq 0 (i=1, 2, \cdots, n)$，如果其中一个 a_{ii} 元素为 0 且方程组是非奇异的，可调整方程排列使得所有 $a_{ii} \neq 0$。此外，为了加速收敛，在排列过程还要使 a_{ii} 尽可能大。

4.3 Gauss-Seidel 迭代法

本节对 Jacobi 算法进行改进，以观察方程式(4-2-3)，注意到当 $i>1$ 时，$x_1^{(k+1)}, \cdots, x_{i-1}^{(k+1)}$ 已经计算出来，且可认为其比 $x_1^{(k)}, \cdots, x_{i-1}^{(k)}$ 更接近于解 $x_1, \cdots, x_{i-1}$，因而使用新计算出来的值计算 $x_i^{(k+1)}$ 更为合理。由此可得

$$x_i^{(k+1)} = \frac{1}{a_{ii}} \left[-\sum_{j=1}^{i-1} a_{ij} x_j^{(k+1)} - \sum_{j=i+1}^{n} a_{ij} x_j^{(k)} + b_i \right], \quad i = 1, 2, \cdots, n \tag{4-3-1}$$

这种改进称为 Gauss-Seidel 迭代法。

例 4-4 用 Gauss-Seidel 迭代法求解线性方程组：

$$\begin{cases}10x_1-x_2+2x_3=6\\-x_1+11x_2-x_3+3x_4=25\\2x_1-x_2+10x_3-x_4=-11\\3x_2-x_3+8x_4=15\end{cases}$$

解　由式(4－3－1)可得 Gauss-Seidel 迭代公式：

$$\begin{cases}x_1^{(k+1)}=\dfrac{1}{10}x_2^{(k)}-\dfrac{1}{5}x_3^{(k)}+\dfrac{3}{5}\\x_2^{(k+1)}=\dfrac{1}{11}x_1^{(k+1)}+\dfrac{1}{11}x_3^{(k)}-\dfrac{3}{11}x_4^{(k)}+\dfrac{25}{11}\\x_3^{(k+1)}=-\dfrac{1}{5}x_1^{(k+1)}+\dfrac{1}{10}x_2^{(k+1)}+\dfrac{1}{10}x_4^{(k)}-\dfrac{11}{10}\\x_4^{(k+1)}=-\dfrac{3}{8}x_2^{(k+1)}+\dfrac{1}{8}x_3^{(k+1)}+\dfrac{15}{8}\end{cases}$$

设$\boldsymbol{x}^{(0)}=(0,0,0,0)^{\mathrm{T}}$，对上式迭代求解，可得表 4－2 所列结果。

表 4－2　计算结果

k	0	1	2	3	4	5
$x_1^{(k)}$	0.0000	0.6000	1.0302	1.0066	1.0009	1.0001
$x_2^{(k)}$	0.0000	2.3272	2.0369	2.0036	2.0003	2.0000
$x_3^{(k)}$	0.0000	−0.9873	−1.0145	−1.0025	−1.0003	−1.0000
$x_4^{(k)}$	0.0000	0.8789	0.9843	0.9984	0.9998	1.0000

可以发现，这里用一半的迭代次数即可得到与例 4－3 同样精度的解。

把式(4－3－1)两边同时乘以 a_{ii}，并将所有的第 $k+1$ 次迭代项合并，得

$$\begin{cases}a_{11}x_1^{(k+1)}=-a_{12}x_2^{(k)}-a_{13}x_3^{(k)}-\cdots-a_{1n}x_n^{(k)}+b_1\\a_{21}x_1^{(k+1)}+a_{22}x_2^{(k+1)}=-a_{23}x_3^{(k)}-\cdots-a_{2n}x_n^{(k)}+b_2\\\qquad\vdots\\a_{n1}x_1^{(k+1)}+a_{n2}x_2^{(k+1)}+\cdots+a_{nn}x_n^{(k+1)}=b_n\end{cases}$$

结合前面 $\boldsymbol{D}$，$\boldsymbol{L}$，$\boldsymbol{U}$ 的定义，有$(\boldsymbol{D}-\boldsymbol{L})\boldsymbol{x}^{(k+1)}=\boldsymbol{U}\boldsymbol{x}^{(k)}+\boldsymbol{b}$，得 Gauss-Seidel 迭代法的矩阵形式为

$$\boldsymbol{x}^{(k+1)}=\boldsymbol{B}_{\mathrm{G}}\boldsymbol{x}^{(k)}+\boldsymbol{f},\ k=1,2,\cdots$$

其中，$\boldsymbol{B}_{\mathrm{G}}=(\boldsymbol{D}-\boldsymbol{L})^{-1}\boldsymbol{U}$，$\boldsymbol{f}=(\boldsymbol{D}-\boldsymbol{L})^{-1}\boldsymbol{b}$。

算法 4－2：Gauss-Seidel 迭代法

输入：方程组未知数的个数 n，系数矩阵 A，常数项 b，初值 x0，精度要求 ε，最大迭代次数 N。

输出：方程组的近似解 x 或失败信息。

1：k=1；

2：while k≤N

3：for i=1 to n

```
4: x_i = [-Σ_{j=1}^{i-1}(a_ij x_j) - Σ_{j=i+1}^{n} a_ij x_j^(0) + b_i]/a_ii;
5: if ‖x-x^(0)‖<ε then
6: return x;
7: end if
8: k=k+1;
9: x^(0)=x;
10: end for
11: return false; //超出最大迭代次数
12: end
```

4.4 迭代法的收敛性

本节讨论迭代公式

$$\boldsymbol{x}^{(k+1)}=\boldsymbol{B}\boldsymbol{x}^{(k)}+\boldsymbol{f},\ k=0,1,\cdots$$

的收敛性问题，并将其用于判断 Jacobi 迭代法和 Gauss-Seidel 迭代法的收敛性。

设$\boldsymbol{x}^*$是方程组 $\boldsymbol{x}=\boldsymbol{B}\boldsymbol{x}+\boldsymbol{f}$ 的解，即

$$\boldsymbol{x}^*=\boldsymbol{B}\boldsymbol{x}^*+\boldsymbol{f}$$

误差向量

$$\begin{aligned}\boldsymbol{\varepsilon}^{(k)}&=\boldsymbol{x}^{(k)}-\boldsymbol{x}^*=\boldsymbol{B}[\boldsymbol{x}^{(k-1)}-\boldsymbol{x}^*]\\&=\boldsymbol{B}^2[\boldsymbol{x}^{(k-2)}-\boldsymbol{x}^*]\\&\ \ \vdots\\&=\boldsymbol{B}^k[\boldsymbol{x}^{(0)}-\boldsymbol{x}^*]\end{aligned}$$

若$\boldsymbol{B}^k\to 0(k\to\infty)$，则由范数的相容性知

$$\|\boldsymbol{\varepsilon}^{(k)}\|=\|\boldsymbol{B}^k(\boldsymbol{x}^{(0)}-\boldsymbol{x}^*)\|\leqslant\|\boldsymbol{B}^k\|\cdot\|\boldsymbol{x}^{(0)}-\boldsymbol{x}^*\|\to 0$$

即

$$\boldsymbol{\varepsilon}^{(k)}\to 0$$

于是有

$$\boldsymbol{x}^{(k)}\to\boldsymbol{x}^*\ (k\to\infty)$$

反之，若对任意的初值向量$\boldsymbol{x}^{(0)}(k\to\infty)$都有$\boldsymbol{x}^{(k)}\to\boldsymbol{x}^*$，则

$$\boldsymbol{B}^k[\boldsymbol{x}^{(0)}-\boldsymbol{x}^*]=\boldsymbol{\varepsilon}^{(k)}\to 0$$

因此

$$\boldsymbol{B}^k\to 0$$

这样就得到迭代收敛的一个充要条件：对任意的初值向量$\boldsymbol{x}^{(0)}$都有$\boldsymbol{x}^{(k)}\to\boldsymbol{x}^*$，等价于$\boldsymbol{B}^k\to 0$。结合定理 4-4 可得如下结论。

定理 4-5(迭代收敛性基本定理)　对任意初始向量$\boldsymbol{x}^{(0)}$，求解方程组 $\boldsymbol{x}=\boldsymbol{B}\boldsymbol{x}+\boldsymbol{f}$ 的迭代法

$$x^{(k)}=Bx^{(k-1)}+f,\ k=1,2,\cdots$$

收敛当且仅当迭代矩阵 $\boldsymbol{B}$ 的谱半径 $\rho(\boldsymbol{B})<1$。

可以进一步证明，迭代矩阵的谱半径越小，收敛速度越快。

例 4－5　考察用迭代法解方程组

$$\boldsymbol{x}=\boldsymbol{B}\boldsymbol{x}+\boldsymbol{f}$$

的收敛性，其中，$\boldsymbol{B}=\begin{pmatrix}0 & 2\\ 3 & 0\end{pmatrix}$，$\boldsymbol{f}=\begin{pmatrix}5\\ 5\end{pmatrix}$。

解　迭代矩阵 $\boldsymbol{B}$ 的特征方程为

$$|\lambda\boldsymbol{I}-\boldsymbol{B}|=\lambda^2-6=0$$

特征根 $\lambda_{1,2}=\pm\sqrt{6}$，$\rho(\boldsymbol{B})=\sqrt{6}>1$，因此迭代不收敛。

定理 4－5 为判断迭代法的收敛性提供了强有力的手段，然而，当 n 较大时，矩阵的特征值计算比较复杂，难以确定基本定理的条件。利用矩阵谱半径的性质 $\rho(\boldsymbol{B})\leqslant\|\boldsymbol{B}\|$ 可得到迭代收敛性的判别定理：

定理 4－6(迭代法收敛的充分条件)　如果迭代法 $\boldsymbol{x}^{(k+1)}=\boldsymbol{B}\boldsymbol{x}^{(k)}+\boldsymbol{f}$ 的迭代矩阵 $\boldsymbol{B}$ 的某一种范数 $\|\boldsymbol{B}\|<1$，则：

(1) 对任意初始向量 $\boldsymbol{x}^{(0)}$，迭代法都收敛；

(2) 迭代误差满足

$$\|\boldsymbol{x}^{(k)}-\boldsymbol{x}^*\|\leqslant\frac{\|\boldsymbol{B}\|}{1-\|\boldsymbol{B}\|}\|\boldsymbol{x}^{(k)}-\boldsymbol{x}^{(k-1)}\| \tag{4-4-1}$$

$$\|\boldsymbol{x}^{(k)}-\boldsymbol{x}^*\|\leqslant\frac{\|\boldsymbol{B}\|^k}{1-\|\boldsymbol{B}\|}\|\boldsymbol{x}^{(1)}-\boldsymbol{x}^{(0)}\| \tag{4-4-2}$$

证明　(1) 由条件 $\rho(\boldsymbol{B})\leqslant\|\boldsymbol{B}\|<1$ 以及定理 4－5 可知迭代法收敛。

(2) 误差向量满足

$$\begin{aligned}\|\boldsymbol{x}^{(k)}-\boldsymbol{x}^*\|&=\|(\boldsymbol{x}^{(k)}-\boldsymbol{x}^{(k+1)})+(\boldsymbol{x}^{(k+1)}-\boldsymbol{x}^*)\|\\&=\|\boldsymbol{B}(\boldsymbol{x}^{(k-1)}-\boldsymbol{x}^{(k)})+\boldsymbol{B}(\boldsymbol{x}^{(k)}-\boldsymbol{x}^*)\|\\&\leqslant\|\boldsymbol{B}\|\cdot\|\boldsymbol{x}^{(k)}-\boldsymbol{x}^{(k-1)}\|+\|\boldsymbol{B}\|\cdot\|\boldsymbol{x}^{(k)}-\boldsymbol{x}^*\|\end{aligned}$$

注意到 $\|\boldsymbol{B}\|<1$，即 $1-\|\boldsymbol{B}\|>0$，可得

$$\|\boldsymbol{x}^{(k)}-\boldsymbol{x}^*\|\leqslant\frac{\|\boldsymbol{B}\|}{1-\|\boldsymbol{B}\|}\|\boldsymbol{x}^{(k)}-\boldsymbol{x}^{(k-1)}\|$$

进一步有

$$\boldsymbol{x}^{(k)}-\boldsymbol{x}^{(k-1)}=\boldsymbol{B}(\boldsymbol{x}^{(k-1)}-\boldsymbol{x}^{(k-2)})=\cdots=\boldsymbol{B}^{k-1}(\boldsymbol{x}^{(1)}-\boldsymbol{x}^{(0)})$$

代入式(4－4－1)便得式(4－4－2)。

由式(4－4－1)可知，当前后两次迭代的误差 $\|\boldsymbol{x}^{(k)}-\boldsymbol{x}^{(k-1)}\|<\varepsilon$ 时，可以认为第 k 次迭代产生的误差也不超过 ε(准确地说，不超过 $\frac{\|\boldsymbol{B}\|}{1-\|\boldsymbol{B}\|}\varepsilon$)。因此，算法设计中可以利用此不等式作为迭代结束的判别依据，式(4－4－2)则可用于估计迭代所需的次数。

例 4－6　已知方程组

$$\begin{pmatrix}1 & 2\\ 0.3 & 1\end{pmatrix}\begin{pmatrix}x_1\\ x_2\end{pmatrix}=\begin{pmatrix}1\\ 2\end{pmatrix}$$

判断用 Jacobi 迭代法和 Gauss-Seidel 迭代法求解此方程组时的收敛性。

解 方程组的 Jacobi 迭代公式为

$$\begin{cases} x_1^{(k+1)} = -2x_2^{(k)} + 1 \\ x_2^{(k+1)} = -0.3x_1^{(k)} + 2 \end{cases}$$

迭代矩阵$\boldsymbol{B}_{\mathrm{J}} = \begin{pmatrix} 0 & -2 \\ -0.3 & 0 \end{pmatrix}$。

方程组的 Gauss-Seidel 迭代公式为

$$\begin{cases} x_1^{(k+1)} = -2x_2^{(k)} + 1 \\ x_2^{(k+1)} = -0.3(-2x_2^{(k)} + 1) + 2 \end{cases}$$

迭代矩阵$\boldsymbol{B}_{\mathrm{G}} = \begin{pmatrix} 0 & -2 \\ 0 & 0.6 \end{pmatrix}$

由

$$|\lambda \boldsymbol{I} - \boldsymbol{B}_{\mathrm{J}}| = \begin{vmatrix} \lambda & 2 \\ 0.3 & \lambda \end{vmatrix} = \lambda^2 - 0.6$$

可得$\boldsymbol{B}_{\mathrm{J}}$ 的特征值 $\lambda_{1,2} = \pm\sqrt{0.6}$；再由

$$|\lambda \boldsymbol{I} - \boldsymbol{B}_{\mathrm{G}}| = \begin{vmatrix} \lambda & 2 \\ 0 & \lambda - 0.6 \end{vmatrix} = \lambda(\lambda - 0.6)$$

可得$\boldsymbol{B}_{\mathrm{G}}$ 的特征值 $\lambda_1 = 0$，$\lambda_2 = 0.6$。因 $\rho(\boldsymbol{B}_{\mathrm{J}}) = \sqrt{0.6} < 1$，故 Jacobi 迭代法收敛；由于 $\rho(\boldsymbol{B}_{\mathrm{G}}) = \sqrt{0.6} < 1$，因而 Gauss-Seidel 迭代法也收敛。

定义 4－8 若 $\boldsymbol{A} = (a_{ij}) \in \mathbf{R}^{n \times n}$ 满足

$$|a_{ii}| > \sum_{\substack{j=1 \\ j \neq i}}^{n} |a_{ij}|, \quad i = 1, 2, \cdots, n$$

则称 $\boldsymbol{A}$ 为严格对角占优矩阵(strictly diagonally dominant matrix)。

定理 4－7 若 $\boldsymbol{A} = (a_{ij}) \in \mathbf{R}^{n \times n}$ 为严格对角占优矩阵，则

$$|a_{ii}| > \sum_{\substack{j=1 \\ j \neq i}}^{n} |a_{ij}| \geqslant 0$$

故有$|a_{ii}| \neq 0 (i = 1, 2, \cdots, n)$。

可用反证法证明 $\boldsymbol{A}$ 非奇异。若 $\boldsymbol{A}$ 奇异，则存在 $\boldsymbol{x} \in \mathbf{R}^n$，$\boldsymbol{x} \neq \mathbf{0}$，使 $\boldsymbol{A}\boldsymbol{x} = \mathbf{0}$。

记$|\boldsymbol{x}_k| = \max\limits_{1 \leqslant i \leqslant n} |\boldsymbol{x}_i| \neq 0$，于是 $\boldsymbol{A}\boldsymbol{x} = \mathbf{0}$ 中第 k 个方程可化为

$$a_{kk} x_k = -\sum_{\substack{j=1 \\ j \neq k}}^{n} a_{kj} x_j$$

从而有

$$|a_{kk}| \leqslant \sum_{j \neq k} |a_{kj}| \left| \frac{x_j}{x_k} \right| \leqslant \sum_{j \neq k} |a_{kj}|$$

这与 $\boldsymbol{A}$ 严格对角占优矛盾，故 $\boldsymbol{A}$ 非奇异。

以下两个定理给出了判别 Jacobi 迭代和 Gauss-Seidel 迭代收敛的简便方法。

定理 4－8 设 $\boldsymbol{A} \in \mathbf{R}^{n \times n}$ 为严格对角占优矩阵，则解方程组 $\boldsymbol{A}\boldsymbol{x} = \boldsymbol{b}$ 的 Jacobi 迭代法及

Gauss-Seidel 迭代法均收敛。

4.5　逐次超松弛迭代法

逐次超松弛迭代(Successive Over Relaxation method，SOR 方法)是 Gauss-Seidel 方法的一种加速方法，也是求解大型稀疏矩阵方程组的有效方法之一。它具有计算公式简单、占用计算机内存少等优点，但需要选择好的加速因子(即最佳松弛因子)。

设已知第 k 次迭代向量$\boldsymbol{x}^{(k)}$及第 $k+1$ 次迭代向量$\boldsymbol{x}^{(k+1)}$的分量 $x_j^{(k+1)}(j=1, 2, \cdots, i-1)$，要求计算 $x_i^{(k+1)}$。

首先，用 Gauss-Seidel 迭代法计算辅助量

$$\widetilde{x}_i^{(k+1)}=\frac{1}{a_{ii}}\left(b_i-\sum_{j=1}^{i-1}a_{ij}x_j^{(k+1)}-\sum_{j=i+1}^{n}a_{ij}x_j^{(k)}\right) \tag{4-5-1}$$

再将 $x_i^{(k+1)}$ 取为 $x_i^{(k)}$ 和 $\widetilde{x}_i^{(k+1)}$ 的加权平均，即

$$x_i^{(k+1)}=(1-\omega)x_i^{(k)}+\omega\widetilde{x}_i^{(k+1)}=x_i^{(k)}+\omega(\widetilde{x}_i^{(k+1)}-x_i^{(k)})$$

代入 $\widetilde{x}_i^{(k+1)}$ 的表达式，得

$$x_i^{(k+1)}=x_i^{(k)}+\frac{\omega}{a_{ii}}\left(b_i-\sum_{j=1}^{i-1}a_{ij}x_j^{(k+1)}-\sum_{j=i}^{n}a_{ij}x_j^{(k)}\right) \tag{4-5-2}$$

这一过程称为 SOR 方法，其中，ω 为松弛因子(relaxation factor)。显然，当 $\omega=1$ 时，SOR 方法就是 Gauss-Seidel 迭代法；当 $\omega<1$ 时，SOR 方法又称为低松弛法；当 $\omega>1$ 时称式(4-5-2)为超松弛法。

例 4-7　用 SOR 方法解方程组

$$\begin{pmatrix}-4 & 1 & 1 & 1\\ 1 & -4 & 1 & 1\\ 1 & 1 & -4 & 1\\ 1 & 1 & 1 & -4\end{pmatrix}\begin{pmatrix}x_1\\ x_2\\ x_3\\ x_4\end{pmatrix}=\begin{pmatrix}1\\ 1\\ 1\\ 1\end{pmatrix}$$

该方程组的精确解为$\boldsymbol{x}^*=(-1, -1, -1, -1)^{\mathrm{T}}$。

解　取$\boldsymbol{x}^{(0)}=(0, 0, 0, 0)^{\mathrm{T}}$，SOR 迭代公式为

$$\begin{cases}x_1^{(k+1)}=x_1^{(k)}-\omega\dfrac{(1+4x_1^{(k)}-x_2^{(k)}-x_3^{(k)}-x_4^{(k)})}{4}\\[2ex] x_2^{(k+1)}=x_2^{(k)}-\omega\dfrac{(1-x_1^{(k+1)}+4x_2^{(k)}-x_3^{(k)}-x_4^{(k)})}{4}\\[2ex] x_3^{(k+1)}=x_3^{(k)}-\omega\dfrac{(1-x_1^{(k+1)}-x_2^{(k+1)}+4x_3^{(k)}-x_4^{(k)})}{4}\\[2ex] x_4^{(k+1)}=x_4^{(k)}-\omega\dfrac{(1-x_1^{(k+1)}-x_2^{(k+1)}-x_3^{(k+1)}+4x_4^{(k)})}{4}\end{cases}$$

取 $\omega=1.3$，第 11 次迭代结果为

$$x^{(11)}=(-0.99999667,-1.00000287,-0.99999954,-0.99999912)$$

$$\|\boldsymbol{\varepsilon}^{(11)}\|_2\leqslant 0.449\times 10^{-5}$$

对 ω 取其他值，满足精度误差 $\|\boldsymbol{x}^{(k)}-\boldsymbol{x}^*\|_2<10^{-5}$ 的迭代次数如表 4-3 所示。容易看到，选择合适的松弛因子可大大减少算法所需迭代次数。

表 4-3　不同 ω 下的迭代次数

ω	1.0	1.1	1.2	1.3	1.4	1.5	1.6	1.7	1.8	1.9
迭代次数	21	17	12	11	14	17	23	33	53	109

类似于 Jacobi 迭代法和 Gauss-Seidel 迭代法的推导，由分解式 $\boldsymbol{A}=\boldsymbol{D}-\boldsymbol{L}-\boldsymbol{U}$，可将式(4-5-2)写成

$$\boldsymbol{D}\boldsymbol{x}^{(k+1)}=\boldsymbol{D}\boldsymbol{x}^{(k)}+\omega[\boldsymbol{b}+\boldsymbol{L}\boldsymbol{x}^{(k+1)}+(\boldsymbol{D}-\boldsymbol{U})\boldsymbol{x}^{(k)}]$$

从而有

$$\boldsymbol{x}^{(k+1)}=(1-\omega)\boldsymbol{x}^{(k)}+\omega(\boldsymbol{D}^{-1}\boldsymbol{L}\boldsymbol{x}^{(k+1)}+\boldsymbol{D}^{-1}\boldsymbol{U}\boldsymbol{x}^{(k)}+\boldsymbol{D}^{-1}\boldsymbol{b})$$

进一步整理可得

$$\boldsymbol{x}^{(k+1)}=(\boldsymbol{D}-\omega\boldsymbol{L})^{-1}[(1-\omega)\boldsymbol{D}+\omega\boldsymbol{U}]\boldsymbol{x}^{(k)}+\omega(\boldsymbol{D}-\omega\boldsymbol{L})^{-1}\boldsymbol{b}$$

于是可导出 SOR 方法的矩阵形式：

$$\begin{cases}\boldsymbol{x}^{(k+1)}=\boldsymbol{B}_\omega\boldsymbol{x}^{(k)}+\boldsymbol{f}\\ \boldsymbol{B}_\omega=(\boldsymbol{D}-\omega\boldsymbol{L})^{-1}[(1-\omega)\boldsymbol{D}+\omega\boldsymbol{U}]\\ \boldsymbol{f}=\omega(\boldsymbol{D}-\omega\boldsymbol{L})^{-1}\boldsymbol{b}\end{cases}\tag{4-5-3}$$

将迭代法收敛理论应用到式(4-5-3)可得以下定理：

定理 4-9　设线性方程组 $\boldsymbol{A}\boldsymbol{x}=\boldsymbol{b}$ 满足 $a_{ii}\neq 0(i=1, 2, \cdots, n)$，则解方程组的 SOR 法收敛的充要条件是

$$\rho(\boldsymbol{B}_\omega)<1$$

引进超松弛迭代法的想法是希望能选择合适的松弛因子 ω，以加快迭代过程式(4-5-2)的收敛速度。以下定理给出了解一般线性方程组的 SOR 算法收敛的必要条件。

定理 4-10　若解方程组 $\boldsymbol{A}\boldsymbol{x}=\boldsymbol{b}$ 的 SOR 方法收敛，则有 $0<\omega<2$。

定理 4-11　如果 $\boldsymbol{A}$ 为对称正定矩阵，且 $0<\omega<2$，则解方程组 $\boldsymbol{A}\boldsymbol{x}=\boldsymbol{b}$ 的 SOR 方法收敛。

尽管以上定理给出了 SOR 方法收敛性的判断，但没能给出最佳松弛因子的取法。事实上，对于一般的矩阵，目前并没有相关理论可以确定最佳的取值。在实践中，一般先取不同的 ω 进行试探性的计算，再从中摸索近似的最佳松弛因子。

算法 4-3： SOR 方法

输入：方程组未知数的个数 n，系数矩阵 A，常数项 b，初值 x0，参数 ω，精度要求 ε，最大迭代次数 N。

输出：方程组的近似解 x 或失败信息。

1：k=1；

2：while k≤N

3：for i=1 to n

```
x_i = (1-ω) x_i^(0) + ω(-Σ_{j=1}^{i-1} a_ij x_j - Σ_{j=i+1}^{n} a_ij x_j^(0) + b_j) / a_ii;
if ‖ x - x^(0) ‖ < ε then
return x;
end if
k = k+1;
x^(0) = x;
end for
end
return false //超出最大迭代次数
```

本章小结

本章首先介绍了向量范数和矩阵范数，并定义了向量序列和矩阵序列的极限，这是讨论迭代法收敛性的理论依据；其次介绍了求解线性方程组的几种经典迭代法，包括 Jacobi 迭代法、Gauss-Seidel 迭代法和超松弛迭代法。

Jacobi 迭代法简单且易于实现，过去通常认为其计算效率没有 Gauss-Seidel 迭代法高，但 Jacobi 迭代法的运算过程具有并行性，引进并行计算后，其计算效率可以和 Gauss-Seidel 迭代法相媲美，因此目前也逐渐受到了人们的重视。

Gauss-Seidel 迭代法的计算过程与 Jacobi 迭代法相似，但在计算分量时使用了刚刚计算得到的信息，因此可以认为是 Jacobi 迭代法的一种改进，其收敛速度通常比 Jacobi 迭代法快。与 Jacobi 迭代法一样，Gauss-Seidel 迭代法的收敛性也是由迭代矩阵的谱半径决定的，只要迭代矩阵的谱半径小于 1 就能保证收敛。但由于谱半径的计算比较困难，因此可以借助矩阵的范数进行收敛性的判定，同时能容易地进行误差估计。而对于一些特殊情形的线性方程组，如系数矩阵(具有严格对角占优性质)或对称正定阵，则可以直接对这两种迭代法的收敛性进行判定。

对于 SOR 方法，由于可以克服 Gauss-Seidel 迭代法在迭代矩阵的谱半径接近于 1 时收敛很慢的不足，因此可以看作 Gauss-Seidel 迭代法的一种修正或改进，是目前应用比较广泛的一种迭代方法。SOR 方法在计算过程中引进了一个松弛因子，通过选取不同的松弛因子可以有效地控制迭代的收敛速度，因此松弛因子的取值就成为应用 SOR 法求解线性方程组时一个非常重要的问题。在实际计算过程中，通常希望确定最优松弛因子使迭代次数最少，但这是一件非常困难的事情，往往通过尝试确定一个适当的松弛因子进行计算。

实验 4　解线性方程组的迭代法

1. 分别用 Jacobi 迭代法和 Gauss-Seidel 迭代法求解线性方程组

$$\begin{pmatrix}3 & 1 & 0\\1 & 2 & 0\\0 & 0 & 2\end{pmatrix}\begin{pmatrix}x_1\\x_2\\x_3\end{pmatrix}=\begin{pmatrix}5\\5\\2\end{pmatrix}$$

任取 $x^{(0)}$，当 $\| \boldsymbol{x}^{(k+1)} - \boldsymbol{x}^{(k)} \|_\infty < 10^{-4}$ 时终止迭代。

用 Jacobi 迭代法：

```
A = [3 1 0; 1 2 0; 0 0 2];
b = [5; 5; 2];
    x0 = [0.1; 0.1; 0.1];
tol = 0.0001;
N = 500;
x =jacobi_fun(A, b, x0, tol, N)
function x =jacobi_fun(A, b, x0, tol, N)
n=length(b);
x=zeros(n, 1);          % 给 x 赋值
k=0;
while k<N
    for i=1: n
     x(i)=(b(i)-A(i, [1: i-1, i+1: n]) * x0([1: i-1, i+1: n]))/A(i, i);
    end
    if norm(x-x0)<tol
        break;
    end
    x0=x;
    k=k+1;
end
if k==N
disp('迭代次数已到达上限!');
end
disp(['迭代次数 k=', num2str(k)])
end
```

计算结果：

```
迭代次数 k=12, x =1.0000 2.0000 1.0000
```

用 Gauss-Seidel 迭代法：

```
A = [3 1 0; 1 2 0; 0 0 2];
b = [5; 5; 2];
x0 = [0.1; 0.1; 0.1];
tol = 0.0001;
N = 500;
x=Gauss_Seidel_fun(A, b, x0, tol, N)
function x=Gauss_Seidel_fun(A, b, x0, tol, N)
n=length(b);
x=zeros(n, 1);   % 给 x 赋值
k=1;
```

```
while k<N
        for i=1: n
            if i==1
                x(1)=(b(1)-A(1, 2: n) * x0(2: n))/A(1, 1);
            else if i==n
                x(n)=(b(n)-A(n, 1: n-1) * x(1: n-1))/A(n, n);
            else
                x(i)=(b(i)-A(i, 1: i-1) * x(1: i-1)-A(i, i+1: n) * x0(i+1: n))/A(i, i)

            end
        end
        if norm(x-x0)<tol
            break;
        end
        x0=x;
        k=k+1;
    disp(['when k=', num2str(k)])
    disp('x=');
    disp(x);                                    %输出中间结果
    end
    if k==N
    disp('迭代次数已到达上限!');
    end
    disp(['迭代次数 k=', num2str(k)])
    end
```

计算结果：

```
迭代次数 k=7 x =1.0000 2.0000 1.0000
```

习 题 4

4.1 已知 $\boldsymbol{x}=\begin{pmatrix}-3\\1\\2\end{pmatrix}$，$\boldsymbol{A}=\begin{pmatrix}1&0&0\\0&2&4\\0&-2&4\end{pmatrix}$，求 $\|\boldsymbol{x}\|_\infty$，$\|\boldsymbol{A}\|_2$，$\|\boldsymbol{Ax}\|_1$。

4.2 分别用 Jacobi 迭代法和 Gauss-Seidel 迭代法求解线性方程组：

$$\begin{pmatrix}10&-1&-2\\-1&10&-2\\-1&-1&5\end{pmatrix}\begin{pmatrix}x_1\\x_2\\x_3\end{pmatrix}=\begin{pmatrix}7.2\\8.3\\4.2\end{pmatrix}$$

这里要求当 $\|\boldsymbol{x}^{(k+1)}-\boldsymbol{x}^{(k)}\|_\infty<1.0\times10^{-6}$ 时终止迭代。

4.3 设有线性方程组：

$$\begin{pmatrix}10 & 4 & 4\\ 4 & 10 & 8\\ 4 & 8 & 10\end{pmatrix}\begin{pmatrix}x_1\\ x_2\\ x_3\end{pmatrix}=\begin{pmatrix}13\\ 11\\ 25\end{pmatrix}$$

(1) 分别写出 Jacobi 迭代法和 Gauss-Seidel 迭代法求解时的迭代公式；

(2) 对任意选取的初值，上述两种迭代法是否收敛？为什么？

4.4 分析用 Jacobi 代法和 Gauss-Seidel 迭代法求解线性方程组 $\boldsymbol{Ax}=\boldsymbol{b}$ 的收敛性，其中

$$\boldsymbol{A}=\begin{pmatrix}1 & 2 & -2\\ 1 & 1 & 1\\ 2 & 2 & 1\end{pmatrix}$$

4.5 Jacobi 迭代法求解线性方程组：

$$\begin{cases}x_1+2x_2-2x_3=5\\ x_1+x_2+x_3=1\\ 2x_1+2x_2+x_3=3\end{cases}$$

取初始值$\boldsymbol{x}^{(0)}=(0,0,0)^{-1}$，当$\|\boldsymbol{x}^{(k+1)}-\boldsymbol{x}^{(k)}\|_\infty<10^{-5}$ 时终止迭代。

4.6 用 SOR 方法求解线性方程组：

$$\begin{pmatrix}4 & -1 & 0\\ -1 & 4 & -1\\ 0 & -1 & 4\end{pmatrix}\begin{pmatrix}x_1\\ x_2\\ x_3\end{pmatrix}=\begin{pmatrix}1\\ 4\\ -3\end{pmatrix}$$

要求分别选取 $\omega=1.00$, 1.03 和 1.10 三个不同的松弛因子进行计算，并在$\|\boldsymbol{x}^{(k+1)}-\boldsymbol{x}^{(k)}\|_\infty<5.0\times10^{-6}$ 时终止迭代，其中精确解$\boldsymbol{x}^*=(0.5,1.0,-0.5)^{\mathrm{T}}$。

4.7 已知矩阵：

$$\boldsymbol{A}=\begin{pmatrix}1 & 0.5 & 0.5\\ 0.5 & 1 & 0.5\\ 0.5 & 0.5 & 1\end{pmatrix}$$

分别讨论用 Jacobi 迭代法、Gauss-Seidel 迭代法和 SOR 方法求解方程组 $\boldsymbol{Ax}=\boldsymbol{b}$ 时算法的收敛性，要求松弛因子 $\omega\in(0,2)$。

4.8 已知矩阵 $\boldsymbol{A}$ 对称正定，现构造两步的迭代法：

$$\begin{cases}(\boldsymbol{D}-\boldsymbol{L})\boldsymbol{x}^{(k+\frac{1}{2})}=\boldsymbol{U}\boldsymbol{x}^{(k)}+\boldsymbol{b}\\ (\boldsymbol{D}-\boldsymbol{L})\boldsymbol{x}^{(k+1)}=\boldsymbol{U}\boldsymbol{x}^{(k+\frac{1}{2})}+\boldsymbol{b}\end{cases}$$

试将这个迭代法表示成$\boldsymbol{x}^{(k+1)}=\boldsymbol{B}\,\boldsymbol{x}^{(k)}+\boldsymbol{f}$ 的形式。

4.9 用迭代公式：

$$\boldsymbol{x}^{(k+1)}=\boldsymbol{x}^{(k)}-\alpha(\boldsymbol{Ax}^{(k)}-\boldsymbol{b}),\ k=0,1,2,\cdots$$

求解方程组 $\boldsymbol{Ax}=\boldsymbol{b}$，其中，$\boldsymbol{A}=\begin{pmatrix}3 & 2\\ 1 & 2\end{pmatrix}$，$\boldsymbol{b}=\begin{pmatrix}3\\ -1\end{pmatrix}$。$\alpha$ 取哪些值时能保证迭代收敛？进一步地，α 取什么值时迭代收敛最快？

4.10 已知 $\boldsymbol{A}\in\mathbf{R}^{n\times n}$，证明：$\frac{1}{\sqrt{n}}\|\boldsymbol{A}\|_2\leqslant\|\boldsymbol{A}\|_\infty\leqslant\sqrt{n}\|\boldsymbol{A}\|_2$

4.11　不等式$\|\boldsymbol{I}\|\geqslant 1$和$\|\boldsymbol{A}^{-1}\|\geqslant\|\boldsymbol{A}\|^{-1}$是否一定成立？证明你的结论。

*4.12　设有线性方程组：

$$\begin{pmatrix} a_{11} & a_{12} \\ a_{21} & a_{22} \end{pmatrix}\begin{pmatrix} x_1 \\ x_2 \end{pmatrix}=\begin{pmatrix} b_1 \\ b_2 \end{pmatrix}$$

其中，$a_{11}a_{22}\neq 0$。证明：求解该方程组的 Jacobi 迭代法和 Gauss-Seidel 迭代法同时收敛或同时发散。

*4.13　已知矩阵：

$$\boldsymbol{A}=\begin{pmatrix} 1 & a & a \\ a & 1 & a \\ a & a & 1 \end{pmatrix}$$

(1) 试证明$-0.5<a<1$时$\boldsymbol{A}$是正定的；

(2) $-0.5<a<0.5$时，用 Jacobi 迭代法求解方程组$\boldsymbol{Ax}=\boldsymbol{b}$时算法收敛。

4.14　Jacobi 迭代法求解线性方程组

$$\begin{cases} 5x_1+2x_2+x_3=-12 \\ -x_1+4x_2+2x_3=20 \\ 2x_1-3x_2+10x_3=3 \end{cases}$$

取初始值$\boldsymbol{x}^{(0)}=(0,0,0)^{-1}$，当$\|\boldsymbol{x}^{(k+1)}-\boldsymbol{x}^{(k)}\|_\infty<10^{-2}$时终止迭代。

4.15　用高斯迭代法解上题。

4.16　考虑线性代数方程组$\boldsymbol{Ax}=\boldsymbol{b}$，其中，$\boldsymbol{A}=\begin{pmatrix} 1 & 0 & a \\ 0 & 1 & 1 \\ a & 0 & 1 \end{pmatrix}$，$a$为何值时，$\boldsymbol{A}$是正定的？

4.17　设$\boldsymbol{A}$为非奇异矩阵，求证$\dfrac{1}{\|\boldsymbol{A}^{-1}\|_\infty}=\min\limits_{\boldsymbol{y}\neq\boldsymbol{0}}\dfrac{\|\boldsymbol{Ay}\|_\infty}{\|\boldsymbol{y}\|_\infty}$

第5章 插值法与最小二乘拟合法

在工程和科研中，我们常遇到这样的情况：已知两个变量之间的函数关系 $y=f(x)$ 在某区间 $[a, b]$ 上一定存在，但无法给出其解析表达式，只能测得它在有限个样本点处的函数值。在这种情况下，人们希望通过这些样本点构造一个简单的函数(如代数多项式)去近似它。

近似函数的构造通常有两类方法：一类是插值法，另一类是拟合法。

5.1 代数插值法及其唯一性

5.1.1 插值多项式及其唯一性

定义 5-1 已知 $y=f(x)$ 在互不相同的点 $x_0, x_1, \cdots, x_n$(即 $i\neq j$ 时，$x_i\neq x_j$)处的函数值为 $y_i=f(x_i)(i=0, 1, \cdots, n)$。若存在多项式 $p(x)$，使得

$$p(x_i)=y_i, \ i=0, 1, \cdots, n \tag{5-1-1}$$

则称 $p(x)$ 为被插函数 $f(x)$ 关于节点 $x_0, x_1, \cdots, x_n$ 的插值多项式(interpolation polynomial)，$x_0, x_1, \cdots, x_n$ 为插值节点(interpolation node)，式(5-1-1)为插值条件(interpolation condition)。

定理 5-1 对给定的 $n+1$ 个互不相同的点 $x_0, x_1, \cdots, x_n$ 及其对应的函数值 $y_0, y_1, \cdots, y_n$，满足式(5-1-1)且次数不超过 n 的插值多项式 $p_n(x)$ 存在并且是唯一的。

证明 设

$$p_n(x)=a_0+a_1x+\cdots+a_{n-1}x^{n-1}+a_nx^n$$

是一个次数不超过 n 且满足式(5-1-1)的多项式，则它的 $n+1$ 个待定系数 $a_0, a_1, \cdots, a_n$ 满足下面的方程组：

$$\begin{cases} a_0 + a_1 x_0 + \cdots + a_{n-1} x_0^{n-1} + a_n x_0^n = y_0 \\ a_0 + a_1 x_1 + \cdots + a_{n-1} x_1^{n-1} + a_n x_1^n = y_1 \\ \quad\vdots \\ a_0 + a_1 x_n + \cdots + a_{n-1} x_n^{n-1} + a_n x_n^n = y_n \end{cases} \tag{5-1-2}$$

其系数行列式 D 是一个 Vandermonde 行列式，故 $D = \prod_{0 \leqslant i < j \leqslant n} (x_j - x_i) \neq 0$，因而方程组(5-1-2)的解存在且唯一。

需要注意的是：定理证明过程只能保证方程组(5-1-2)的解存在且唯一，并不能保证这些系数 a_k(特别是 a_n)非零，因此通过上述方法构造出的多项式不一定是 n 次的。而次数高于 n 的插值多项式一定不唯一，因为对任意的非零多项式 $g(x)$，多项式 $g(x)(x-x_0)(x-x_1)\cdots(x-x_n)+p_n(x)$ 都是关于 x_0，x_1，…，x_n 的插值多项式。

5.1.2　插值余项

定义 5-2　若 $p_n(x)$ 是被插函数 $f(x)$ 的插值多项式，则称

$$R_n(x) = f(x) - p_n(x)$$

为插值多项式的插值余项(remainder of interpolation)。

定理 5-2　设 $f(x)$ 在区间$[a, b]$上连续，在(a, b)内有 $n+1$ 阶导数，x_0，x_1，…，x_n 是区间$[a, b]$上 $n+1$ 个互不相同的点，$p_n(x)$ 是满足插值条件 $p_n(x_i) = f(x_i)(i=0, 1, \cdots, n)$ 的插值多项式，则插值余项：

$$R_n(x) = \frac{f^{n+1}(\xi)}{(n+1)!} \prod_{i=0}^{n} (x - x_i)$$

其中，$\xi \in (a, b)$ 且与 x 有关。

若 $f^{n+1}(x)$ 在区间(a, b)中存在上界 $M>0$，即对一切 $x \in (a, b)$ 都有 $|f^{n+1}(x)| \leqslant M$，则

$$|R_n(x)| \leqslant \frac{M}{(n+1)!} \prod_{i=0}^{n} |x - x_i|$$

推论　若 $f(x)$ 是次数不超过 n 的多项式，x_0，x_1，…，x_n 是 $n+1$ 个互不相同的点，$p_n(x)$ 是满足插值条件 $p_n(x_i) = f(x_i)(i=0, 1, \cdots, n)$ 的插值多项式，则插值余项：

$$R_n(x) = 0$$

这由 $f^{n+1}(x) \equiv 0$ 或 $f(x)$ 本身是自己次数不超过 n 的插值多项式均可得。

5.1.3　代数插值的几何意义

代数插值就是与被插函数在插值节点处都相交的多项式曲线。代数插值的几何意义如图 5-1 所示。

利用待定系数法构造插值多项式是一种直接的方法，但求解方程组的计算量很大，不便于实际应用。本节介绍一种直接构造的方法——Lagrange 插值法。

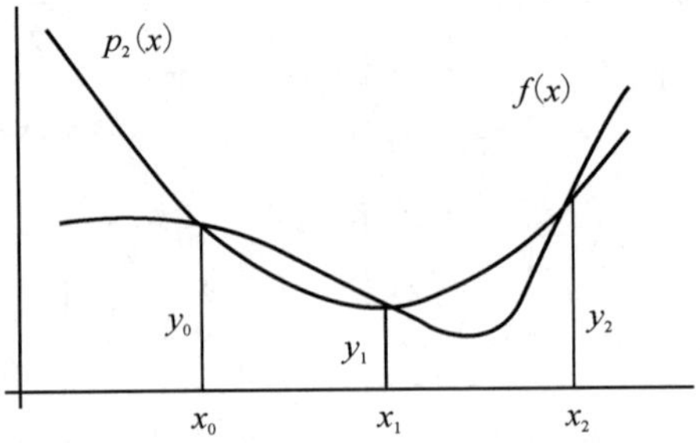

图 5-1 代数插值的几何意义

首先构造一组 Lagrange 基函数(basic function)$L_i(x)(i=0, 1, \cdots, n)$：

$$L_i(x)=\prod_{\substack{j=0\\j\neq i}}^{n}\frac{x-x_j}{x_i-x_j}=\frac{(x-x_0)\cdots(x-x_{i-1})(x-x_{i+1})\cdots(x-x_n)}{(x_i-x_0)\cdots(x_i-x_{i-1})(x_i-x_{i+1})\cdots(x_i-x_n)}$$

显然该基函数满足

$$L_i(x_j)=\delta_{ij}=\begin{cases}1, & j=i\\0, & j\neq i\end{cases}$$

再构造多项式

$$P_n(x)=\sum_{i=0}^{n}y_iL_i(x)=y_0L_0(x)+y_1L_1(x)+\cdots+y_nL_n(x)$$

易验证，$P_n(x)$满足 $P_n(x_i)=y_i(y=0, 1, \cdots, n)$，所以该多项式是一个插值多项式，也称为 n 次 Lagrange 插值多项式。

特别地，当 $n=1$ 时，

$$p_1(x)=y_0\frac{x-x_1}{x_0-x_1}+y_1\frac{x-x_0}{x_1-x_0}$$

是经过点(x_0, y_0)和(x_1, y_1)的直线，也被称为线性插值(linear interpolation)；而当 $n=2$ 时，

$$p_2(x)=y_0\frac{(x-x_1)(x-x_2)}{(x_0-x_1)(x_0-x_2)}+y_1\frac{(x-x_0)(x-x_2)}{(x_1-x_0)(x_1-x_2)}+y_2\frac{(x-x_0)(x-x_1)}{(x_2-x_0)(x_0-x_1)}$$

是经过点(x_0, y_0)、(x_1, y_1)和(x_2, y_2)的抛物线，也被称为抛物线插值(parabolic interpolation)或二次插值(quadratic interpolation)。

例 5-1 分别以 4、9 和 4、9、1 为插值节点构造函数 $\sqrt{x}$ 的插值多项式，再由此求 $\sqrt{5}$ 的近似值，并估计插值引起的误差。

解 (1) 讨论以 4、9 和 4、9、1 为插值节点的情形。

① 构造 Lagrange 基函数：

$$L_0(x)=\frac{x-9}{4-9}=-\frac{1}{5}(x-9)$$

$$L_1(x)=\frac{x-4}{9-4}=\frac{1}{5}(x-4)$$

② 构造 Lagrange 插值多项式：

$$p_1(x)=\sqrt{4}L_0(x)+\sqrt{9}L_1(x)=-\frac{2}{5}(x-9)+\frac{3}{5}(x-4)$$

③ 求近似值：

$$\sqrt{5} \approx p_1(5) = -\frac{2}{5}(5-9) + \frac{3}{5}(5-4) = \frac{11}{5} = 2.2$$

④ 估计误差。由于 $x \in (4, 9)$ 时，$\left|(\sqrt{x})''\right| = \left|-\frac{1}{4\sqrt{x^3}}\right| \leqslant \frac{1}{32}$，所以

$$|R_1(5)| \leqslant \frac{1}{2!} \times \frac{1}{32} \times |(5-4)(5-9)| = \frac{1}{16} = 0.0625$$

实际误差为 $\left|\sqrt{5} - 2.2\right| \approx 0.036\ 07$。

(2) 讨论 4、9、1 为插值节点的情形。类似地，先构造 Lagrange 基函数：

$$L_0(x) = \frac{(x-9)(x-1)}{(4-9)(4-1)} = -\frac{1}{15}(x-9)(x-1)$$

$$L_1(x) = \frac{(x-4)(x-1)}{(9-4)(9-1)} = \frac{1}{40}(x-4)(x-1)$$

$$L_2(x) = \frac{(x-4)(x-9)}{(1-4)(1-9)} = \frac{1}{24}(x-4)(x-9)$$

由此可得 Lagrange 插值多项式：

$$\begin{aligned} p_2(x) &= \sqrt{4}L_0(x) + \sqrt{9}L_1(x) + \sqrt{1}L_2(x) \\ &= -\frac{2}{15}(x-9)(x-1) + \frac{3}{40}(x-4)(x-1) + \frac{1}{24}(x-4)(x-9) \end{aligned}$$

于是

$$\sqrt{5} \approx p_2(5) = \frac{136}{60} \approx 2.2667$$

由于 $x \in (1, 9)$，$\left|(\sqrt{x})'''\right| = \left|\frac{3}{8\sqrt{x^5}}\right| \leqslant \frac{3}{8}$，所以

$$|R_2(5)| \leqslant \frac{1}{3!} \times \frac{3}{8} \times |(5-4)(5-9)(5-1)| = 1$$

实际误差为 $\left|\sqrt{5} - 2.2667\right| \approx 0.0306$。

算法 5-1 是利用 Lagrange 插值多项式求近似值的算法描述。

算法 5-1：Lagrange 插值法

输入：节点个数 n，插值节点坐标 x[]，各插值点处函数值 y[]，待计算点的坐标 X。

输出：X 点的近似值 Y。

```
Y=0
for i=0 to n
temp=y[i];    //temp 用在循环中存放插值多项式各项的值
for j=0 to n
if j≠i then
temp=temp * (X-x[j])/(x[i]-x[j]);
end if
end for
```

```
Y=Y+temp
end for
return Y
```

5.2 Newton 插值法

Lagrange 插值多项式构造简单，结构对称，计算方便，但不具有递推性。由例 5-1 可以看到，增加插值节点后，需重新构造 Lagrange 基函数和插值多项式。本节将讨论利用插值多项式递推关系进行计算的方法——Newton 插值法。

5.2.1 差商及其性质

定义 5-3 给定函数 $f(x)$ 和插值节点 $x_0, x_1, \cdots, x_n$，用 $f[x_0, x_1, \cdots, x_k]$ 表示 $f(x)$ 关于节点 $x_0, x_1, \cdots, x_k$ 的 k 阶差商(k-th difference quotient)($k=1, 2, \cdots, n$)，它们可递归定义为

$$f[x_0, x_1, \cdots, x_k]=\frac{f[x_0, x_1, \cdots, x_k]-f[x_0, x_1, \cdots, x_{k-1}]}{x_k-x_0}$$

其中，$f(x)$ 关于节点 x_i 的 0 阶差商定义为其函数值，即 $f[x_i]=f(x_i)$。

构造的差商表如表 5-1 所示，递推计算 $f(x)$ 各阶差商的步骤如下。

表 5-1 差商计算表

节点	0 阶差商	1 阶差商	2 阶差商	3 阶差商	4 阶差商	…
x_0	$f[x_0]$					…
x_1	$f[x_1]$	$f[x_0, x_1]$				…
x_2	$f[x_2]$	$f[x_1, x_2]$	$f[x_0, x_1, x_2]$			…
x_3	$f[x_3]$	$f[x_2, x_3]$	$f[x_1, x_2, x_3]$	$f[x_0, x_1, x_2, x_3]$		…
x_4	$f[x_4]$	$f[x_3, x_4]$	$f[x_2, x_3, x_4]$	$f[x_1, x_2, x_3, x_4]$	$f[x_0, x_1, x_2, x_3, x_4]$	…
⋮	⋮	⋮	⋮	⋮	⋮	…

0 阶差商：

$$f[x_0]=f(x_0), f[x_1]=f(x_1), f[x_2]=f(x_2), \cdots$$

1 阶差商：

$$f[x_0, x_1]=\frac{f[x_1]-f[x_0]}{x_1-x_0}, f[x_1, x_2]=\frac{f[x_2]-f[x_1]}{x_2-x_1}, \cdots$$

2 阶差商：

$$f[x_0, x_1, x_2]=\frac{f[x_1, x_2]-f[x_0, x_1]}{x_2-x_0}$$

$$f[x_1, x_2, x_3]=\frac{f[x_2, x_3]-f[x_1, x_2]}{x_3-x_0}$$

$$\vdots$$

3 阶差商：

$$f[x_0, x_1, x_2, x_3]=\frac{f[x_1, x_2, x_3]-f[x_0, x_1, x_2]}{x_3-x_0}$$

$$\vdots$$

计算差商的过程可以描述为算法 5-2。

算法 5-2： 求差商的算法

```
输入：n节点个数减1，插值节点x[]，插值节点处的函数值y[]。
输出：在数组DQ[n][n]的下三角中返回差商表。
for i=0 to n
DQ[i][0]=y[i]      //填入初值，即0阶差商
end for
for j=1 to n       //计算各阶差商
for i=j to n
DQ[i][j]=(DQ[i][j-1]-DQ[i-1][j-1])/(x[i]-x[i-j]);
end for
end for
return DQ
```

根据差商的定义，利用数学归纳法可以证明差商具有如下性质：

性质 5-1　对 $k=0, 1, \cdots, n$，有

$$\begin{aligned} f[x_0, x_1, \cdots, x_n] &= \sum_{i=0}^{k}\frac{f(x_i)}{(x_i-x_0)\cdots(x_i-x_{i-1})(x_i-x_{i+1})\cdots(x_i-x_k)} \\ &= \sum_{i=0}^{k}\left[f(x_i)\cdot\prod_{\substack{j=0\\ j\neq i}}^{k}\frac{1}{x_i-x_j}\right] \end{aligned}$$

例如：

$$f[x_0, x_1, x_2]=\frac{f(x_0)}{(x_0-x_1)(x_0-x_2)}+\frac{f(x_1)}{(x_1-x_0)(x_1-x_2)}+\frac{f(x_2)}{(x_2-x_0)(x_2-x_1)}$$

性质 5-2(对称性)　差商 $f[x_0, x_1, \cdots, x_k]$ 与插值节点的顺序无关，即

$$f[x_0, x_1, \cdots, x_k]=f[x_{i_0}, x_{i_1}, \cdots, x_{i_k}]$$

其中，i_0，i_1，…，i_k 是 0，1，…，k 的任意一个排列。

5.2.2　Newton 插值多项式

当 $x\neq x_i(i=0, 1, \cdots, n)$时，可将 x 看作一个插值节点，进而由差商定义中的递推公式得

$$f[x]=f[x_0]+f[x_0,x]\cdot(x-x_0)$$
$$f[x_0,x]=f[x_0,x_1]+f[x_0,x_1,x]\cdot(x-x_1)$$
$$f[x_0,x_1,x]=f[x_0,x_1,x_2]+f[x_0,x_1,x_2,x]\cdot(x-x_2)$$
$$\vdots$$
$$f[x_0,\cdots,x_{n-1},x]=f[x_0,\cdots,x_n]+f[x_0,\cdots,x_n,x]\cdot(x-x_n)$$

将上面的每一个等式依次代入其前一个等式，最后可得

$$f(x)=p_n(x)+R_n(x) \tag{5-2-1}$$

其中：

$$p_n(x)=f[x_0]+f[x_0,x_1]\cdot(x-x_0)+f[x_0,x_1,x_2]\cdot(x-x_0)(x-x_1)+\cdots+$$
$$f[x_0,x_1\cdots,x_n]\cdot(x-x_0)(x-x_1)\cdots(x-x_{n-1})$$
$$R_n(x)=f[x_0,x_1\cdots,x_n,x_{n+1}]\cdot(x-x_0)(x-x_1)\cdots(x-x_n)$$

显然 $R_n(x_i)=0(i=0,1,\cdots,n)$。由于 $p_n(x)$是次数不超过 n 的多项式，且由式(5-2-1)可得

$$p_n(x_i)=f(x_i)-R_n(x_i)=f(x_i),\ i=0,1,\cdots,n$$

所以 $p_n(x)$是 $f(x)$的插值多项式，也称为 Newton 插值多项式。再由式(5-2-1)可知，$R_n(x)$是其插值余项。

将 Newton 插值多项式与 Lagrange 插值多项式的余项比较，可得差商的估计式：

$$f[x_0,x_1,\cdots,x_n]=\frac{f^{(n)}(\xi)}{n!}$$

其中，ξ 位于插值区间，且依赖于插值节点 x_0，x_1，…，x_n。

例 5-2 已知 $y=f(x)$在插值节点处的函数值如表 5-2 所示。

表 5-2 节点处的函数值

k	0	1	2	3
x_k	1	0	2	−1
y_k	−2	6	8	2

求其 Newton 插值多项式。

解 由函数值表构造的差商计算表如表 5-3 所示。

表 5-3 差商计算表

序号	节点	0 阶差商	1 阶差商	2 阶差商	3 阶差商
0	1	−2			
1	0	6	−8		
2	2	8	1	9	
3	−1	2	2	−1	5

由表 5-3 可知

$$f[x_0]=-2$$
$$f[x_0,x_1]=-8$$

$$f[x_0, x_1, x_2]=9$$
$$f[x_0, x_1, x_2, x_3]=5$$

故所求 $f(x)$ 的 Newton 插值多项式为

$$p_3(x)=-2-8(x-1)+9(x-1)x+5(x-1)x(x-2)$$

5.3 Hermite 插值法

5.3.1 Hermite 插值多项式

例 5-3 以 -2 和 1 为插值节点，即给定点 $(-2, 4)$ 和 $(1, 1)$，构造函数 x^2 的插值多项式，由此求 0.8^2 和 0.9^2 的近似值。

解 容易构造出插值多项式

$$p_1(x)=2-x$$

于是有

$$0.8^2 \approx p_1(0.8)=2-0.8=1.2$$
$$0.9^2 \approx p_2(0.9)=2-0.9=1.1$$

易见，0.8^2 的近似值比 0.9^2 的近似值大。出现这种现象的原因在于：x^2 在 $x \geqslant 0$ 时是单调递增的，而插值多项式 $p_1(x)=2-x$ 是单调递减的。

一般地，对于插值多项式，不论其表现为 Lagrange 型还是 Newton 型，插值条件都只保证了它与被插函数在插值节点处取得相同的函数值，并不能保证它们在这些点有相同的增减变化趋势。因此，有必要讨论在插值节点处也给定导数值的插值多项式的构造。本节介绍带导数条件的插值方法——Hermite 插值法。

定义 5-4 已知函数 $f(x)$ 在 $k+1$ 个互异节点 $x_i(i=0, 1, \cdots, k)$ 处的函数值 $f(x_i)$ 和直到 m_i 阶的导数值 $f^{(j)}(x_i)(j=1, 2, \cdots, m_i)$。若存在次数不超过 n 的多项式 $p_n(x)$，满足

$$p_n^{(j)}(x_i)=f^{(j)}(x_i), \ (j=0, 1, \cdots, m_i;\ i=0, 1, \cdots, k)$$

则称 $p_n(x)$ 为 $f(x)$ 的 Hermite 插值多项式(Hermite interpolation polynomial)。

例 5-4 已知 $f(1)=3$，$f'(1)=5$，$f''(1)=-2$，$f(2)=4$，求 3 次 Hermite 插值多项式。

解 由插值条件 $p_3(1)=3$，$p_3'(1)=5$，$p_3''(1)=-2$，结合 $f(x)$ 在 $x=1$ 处的 2 阶 Taylor 展开式，可设所求 3 次插值多项式为

$$\begin{aligned} p_3(x) &= f(1)+f'(1)(x-1)+\frac{f''(1)}{2}(x-1)^2+c(x-1)^3 \\ &= 3+5(x-1)-(x-1)^2+c(x-1)^3 \end{aligned}$$

其中，系数 c 待定。显然 $p_3(x)$ 满足在 $x=1$ 点的所有插值条件。再由 $p_3(2)=4$ 可解得

$c=-3$，故所求 Hermite 插值多项式为

$$p_3(x)=3+5(x-1)-(x-1)^2-3(x-1)^3$$

5.3.2 三次 Hermite 插值

这里只讨论两点三次 Hermite 插值多项式的求法，其构造思想可直接推广到多点高阶的 Hermite 插值问题。

给定 $f(x)$在两个互异节点 x_0、x_1 处的函数值 $f(x_0)$、$f(x_1)$和一阶导数 $f'(x_0)$、$f'(x_1)$，求 3 次 Hermite 插值多项式 $p_3(x)$，使其满足插值条件

$$p_3(x_0)=f(x_0)$$
$$p_3'(x_0)=f'(x_0)$$
$$p_3(x_1)=f(x_1)$$
$$p_3'(x_1)=f'(x_1)$$

设所求插值多项式为

$$p_3(x)=f(x_0)\varphi_0(x)+f'(x_0)\psi_0(x)+f(x_1)\varphi_1(x)+f'(x_1)\psi_1(x) \tag{5-3-1}$$

其中，$\varphi_i(x)$、$\psi_i(x)(i=0,1)$均是待定的 3 次多项式。由插值条件可知，它们需满足：

$$\begin{cases}\varphi_0(x_0)=1,\ \varphi_0{}'(x_0)=0,\ \varphi_0(x_1)=1,\ \varphi_0{}'(x_1)=0\\ \psi_0(x_0)=0,\ \psi_0{}'(x_0)=1,\ \psi_0(x_1)=0,\ \psi_0{}'(x_1)=0\\ \varphi_1(x_0)=0,\ \varphi_1{}'(x_0)=0,\ \varphi_1(x_1)=1,\ \varphi_1{}'(x_1)=0\\ \psi_1(x_0)=0,\ \psi_1{}'(x_0)=0,\ \psi_1(x_1)=0,\ \psi_1{}'(x_1)=0\end{cases} \tag{5-3-2}$$

由式((5-3-2))第一行中 $\varphi_0(x_1)=1$ 和 $\varphi_0{}'(x_1)=0$ 可得

$$\begin{cases}(ax_0+b)(x_1-x_0)^2=1\\ a(x_1-x_0)^2-2(ax_0+b)(x_1-x_0)=0\end{cases}$$

解得

$$a=\frac{2}{(x_1-x_0)^3},\ b=\frac{1}{(x_1-x_0)^2}-\frac{2x_0}{(x_1-x_0)^3}$$

所以

$$\varphi_0(x)=\frac{(x-x_1)^2}{(x_1-x_0)^2}\left(1+2\,\frac{x-x_0}{x_1-x_0}\right)$$

对于 $\varphi_0(x)$，由式(5-3-2)中的 $\psi_0(x_1)=\psi_0{}'(x_1)=0$ 及 $\psi_0(x_0)=0$ 知，$\varphi_0(x)$可分解为

$$\varphi_0(x)=k(x-x_1)^2(x-x_0)$$

再由 $\psi'_0(x_0)=1$ 确定待定系数 $k=\dfrac{1}{(x_1-x_0)^2}$，得

$$\psi_0(x_0)=\frac{(x-x_1)^2}{(x_1-x_0)^2}(x-x_0)$$

类似可求得

$$\varphi_1(x)=\frac{(x-x_0)^2}{(x_1-x_0)^2}\left[1-2\frac{x-x_1}{x_1-x_0}\right],\ \psi_1(x)=\frac{(x-x_0)^2}{(x_1-x_0)^2}(x-x_1)$$

将 $\varphi_i(x)$，$\psi_i(x)(i=0,1)$对应值代回式(5-3-1)就能得到 $p_3(x)$。

定理 5-3 若 $f(x)$在$[a, b]$上具有 3 阶连续导数，且在(a, b)内存在 4 阶导数，x_0 与 x_1 为给定的互异节点，则对任意一点 $x\in[a,b]$，都存在 $\xi\in(a,b)$，使得

$$R_3(x)=f(x)-p_3(x)=\frac{f^{(4)}(\xi)}{4!}(x-x_0)^2(x-x_1)^2$$

例 5-5 以 4 和 9 为插值节点，利用 3 次 Hermite 插值多项式求 $f(x)=\sqrt{x}$ 在 $x=5$ 处的近似值，并估计插值引起的误差。

解 由于 $f(4)=2, f(9)=3$，且由 $f'(x)=\frac{1}{2\sqrt{x}}$知，$f'(4)=\frac{1}{4}, f'(9)=\frac{1}{6}$，所以由式(5-3-1)得到 3 次 Hermite 插值多项式为

$$p_3(x)=\frac{2}{125}(x-9)^2(2x-3)+\frac{1}{100}(x-9)^2(x-4)+\frac{3}{125}(x-4)^2(-2x+23)+\frac{1}{150}(x-4)^2(x-9)$$

于是得

$$\sqrt{5}\approx p_3(5)=\frac{839}{375}\approx 2.237\ 33$$

当 $x\in[4,9]$时，$\left|(\sqrt{x})^{(4)}\right|=\left|-\frac{15}{16\sqrt{x^7}}\right|\leqslant\frac{15}{2048}$，所以误差

$$|R_3(x)|\leqslant\frac{1}{4!}\times\frac{15}{2048}(5-4)^2(5-9)^2=\frac{5}{1024}\approx 0.004\ 83$$

实际误差为$\left|\sqrt{5}-p_3(5)\right|\approx|2.236\ 07-2.237\ 33|\approx 0.001\ 26$。

5.3.3 Matlab 中的插值函数

Matlab 中提供的利用插值求近似值的函数为 interp1，其格式是 Y1=interp1(X, Y, X1, 'method')。它的功能是以等长数组 X 和 Y 为插值节点，根据 method 指定方式的插值多项式，求 X1 处的近似值。其中 method 指定的插值多项式如下。

(1) nearest：最近点插值。返回与 X1 最近的插值节点处的值，实际上是分段 0 次插值，它在区间$\left[\frac{1}{2}(x_i+x_{i-1}), \frac{1}{2}(x_i+x_{i+1})\right]$上的取值为 y_i。

(2) linear：线性插值。返回 X1 所在区间$[x_i, x_{i+1}]$上的线性插值多项式在 X1 处的值，实际上是分段 1 次插值，它是 interp1 函数的默认选项。

(3) cubic 或 pchip：3 次插值或分段 Hermite 插值(piecewise cubic hermite interpolation)。返回 X1 所在区间$[x_i, x_{i+1}]$上 3 次 Hermite 插值多项式在 X1 点的值，此时实现的是分段 3 次 Hermite 插值。

Matlab 要求 X1 的取值不能超出 X 中最小数和最大数所限定的区间。

例 5-6 利用 3 次 Hermite 插值求 $\sqrt{2}$、$\sqrt{3}$ 和 $\sqrt{5}$ 的近似值。

解 命令如下(>>后为输入，无>>的行为输出)：

```
>>X=[0 1 4 9]
>>Y=[0 1 2 3]
>>interp1(X, Y, 2, 'cubic')
ans=1.4449
>>x1=[2 3 5];
>>interp1(X, Y, X1, 'cubic')
ans=1.449 1.7485 2.2487
```

5.4 三次样条插值法

Lagrange 型、Newton 型和 Hermite 插值多项式都有形如：

$$R_n(x)=\frac{f^{(n+1)}(\xi)}{(n+1)!}\prod_{i=0}^{n}(x-x_i)^{k_i}$$

的余项估计式。似乎 n 越大，其误差越小，且直觉上“勘测”的点越多，构造出的逼近函数应该越好，对插值其实不然，因为即使是光滑函数，其值也只与附近点的值有关联。增加无关的插值点，可能会因 $x-x_j$ 的增大而使误差更大。对 $f(x)=\frac{1}{(1+25x^2)}$ 在区间[-1, 1]上取等距分点做插值，在端点附近其 10 次插值比低次插值更不可靠，这种现象称为 Runge 现象，如图 5-2 所示。

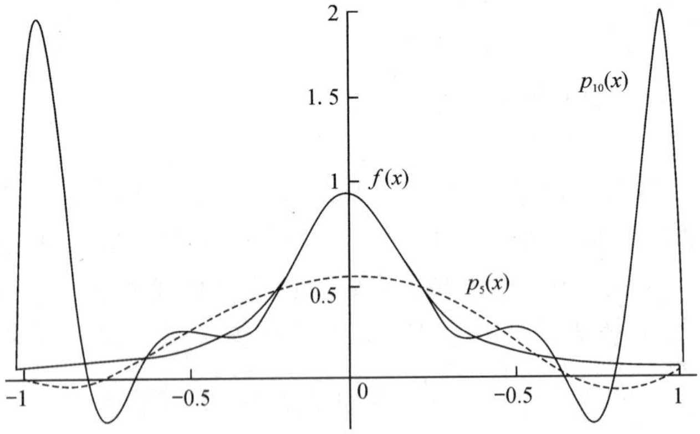

图 5-2 Runge 现象

在划分的小区间中分别用较低次的多项式逼近被插函数的方式称为分段多项式插值(piecewise polynomial interpolation)。分段插值可以适当减少插值误差，但它要么不能保证分割点为光滑点，要么需要给出分割点的奇异值甚至高阶导数值。本节介绍一种仅由插值节点函数值构造的 2 阶连续导数的分段插值。

5.4.1　三次样条插值的概念

定义 5-5　给定函数 $f(x)$ 在区间 $[a, b]$ 上的 $n+1$ 个点 $a=x_0<x_1<\cdots<x_n=b$ 处的函数值 $y_i=f(x_i)(i=0, 1, \cdots, n)$，若函数 $S(x)$ 满足：

(1) $S(x)$ 在每个子区间 $[x_{i-1}, x_i](i=1, 2, \cdots, n)$ 上是一个次数不超过 3 次的多项式；

(2) $S(x_i)=y_i(i=0, 1, \cdots, n)$；

(3) $S(x)$ 在区间 $[a, b]$ 上具有 2 阶连续导数，则称 $S(x)$ 是 $f(x)$ 基于节点 $x_0, x_1, \cdots, x_n$ 的三次样条插值函数，简称三次样条(cubic spline)。

因为 $S(x)$ 是分段多项式函数，所以条件(3)等价于 $S(x)$ 在每个节点 $x_i(i=1, 2, \cdots, n-1)$ 处都具有 2 阶连续导数。

记 $S(x)$ 在子区间 $[x_{i-1}, x_i](i=1, 2, \cdots, n)$ 上次数不超过 3 的多项式为 $S_i(x)$，则由三次样条函数的定义知，$S(x)$ 满足下列条件：

$$\begin{cases} S_i(x_{i-1})=y_{i-1}, \ i=1, 2, \cdots, n \\ S_i(x_i)=y_i, \ i=1, 2, \cdots, n \\ S_i'(x_i)=S_{i+1}'(x_i), \ i=1, 2, \cdots, n-1 \\ S_i''(x_i)=S_{i+1}''(x_i), \ i=1, 2, \cdots, n-1 \end{cases}$$

共有 $4n-2$ 个方程，要想确定 $S(x)$ 的 $4n$ 个待定系数，还需要附加 2 个条件。根据实际问题，一般在边界点 $x_0=a$ 和 $x_n=b$ 处补充 2 个条件，称为边界条件(boundary condition)。

常用的边界条件有如下几种。

第 1 种边界条件：给定边界处的 1 阶导数 $f'(x_0)$ 和 $f'(x_n)$，即要求

$$S'(x_0)=f'(x_0), \ S'(x_n)=f'(x_n)$$

第 2 种边界条件：给定边界处的 2 阶导数 $f''(x_0)$ 和 $f''(x_n)$，即要求

$$S''(x_0)=f''(x_0), \ S''(x_n)=f''(x_n)$$

特别当 $f''(x_0)=f''(x_n)=0$ 时，称为自然边界条件。

第 3 种边界条件：假定 $S(x)$ 是以 $b-a$ 为周期的周期函数，即

$$S'(x_0)=S'(x_n), \ S''(x_0)=S''(x_n)$$

此时的 $S(x_0)=S(x_n)$ 已由 $y=y_n$ 给定。

*5.4.2　三弯矩法

三弯矩法(three bending moment method)是以各节点处的弯矩(2 阶导数)$M_i=S''(x_i)$ $(i=0, 1, \cdots, n)$ 作为待定参数，求三次样条插值函数的方法。

因为 $S(x)$ 在子区间 $[x_{i-1}, x_i](1\leqslant i\leqslant n)$ 上是一个次数不超过 3 的多项式 $S_i(x)$，所以 $S_i''(x)$ 是一个次数不超过 1 的多项式，有

$$S_i''(x_{i-1})=M_{i-1}, \ S_i''(x_i)=M_i$$

故 $S_i''(x)$ 可表示为其 Lagrange 插值多项式形式。记 $h_i=x_i-x_{i-1}$，则

$$S_i''(x)=M_{i-1}\frac{x-x_i}{-h_i}+M_i\frac{x-x_i}{h_i}$$

由此可得 $S_i'''(x)=\dfrac{M_i-M_{i-1}}{h_i}$，因而 $S_i(x)$ 在 $x=x_{i-1}$ 处的 Taylor 展开式为

$$S_i(x)=y_{i-1}+S_i'(x_{i-1})(x-x_{i-1})+\frac{M_{i-1}}{2}(x-x_{i-1})^2+\frac{M_i-M_{i-1}}{6h_i}(x-x_{i-1})^3$$

将其代入条件 $S_i(x_i)=y_i$ 中可解出 $S_i'(x_{i-1})$，进而得到

$$S_i(x)=y_{i-1}+\left(\frac{y_i-y_{i-1}}{h_i}-\frac{2M_{i-1}+M_i}{6}h_i\right)(x-x_{i-1})+\frac{M_{i-1}}{2}(x-x_{i-1})^2+\frac{M_i-M_{i-1}}{6h_i}(x-x_{i-1})^3 \tag{5-4-1}$$

由此可见，只要求出 $n+1$ 个弯矩参数 $M_i(i=0,1,\cdots,n)$，就可以得到 $S(x)$。现只有一阶导数连续的条件还未用到。

对式(5-4-1)求导，有

$$\begin{cases} S_i'(x)=\left(\dfrac{y_i-y_{i-1}}{h_i}-\dfrac{2M_{i-1}+M_i}{6}h_i\right)+M_{i-1}(x-x_{i-1})+\dfrac{M_i-M_{i-1}}{2h_i}(x-x_{i-1})^2 \\ S_{i+1}'(x)=\left(\dfrac{y_{i+1}-y_i}{h_{i+1}}-\dfrac{2M_i+M_{i+1}}{6}h_{i+1}\right)+M_i(x-x_i)+\dfrac{M_{i+1}-M_i}{2h_{i+1}}(x-x_i)^2 \end{cases} \tag{5-4-2}$$

令 $S_i'(x_i)=S_{i+1}'(x_i)$，整理可得

$$\mu_iM_{i-1}+2M_i+\lambda_iM_{i+1}=\frac{6}{h_i+h_{i+1}}\left(\frac{y_{i+1}-y_i}{h_{i+1}}-\frac{y_i-y_{i-1}}{h_i}\right) \tag{5-4-3}$$

其中：

$$\lambda_i=\frac{h_{i+1}}{h_i+h_{i+1}},\ \mu_i=\frac{h_i}{h_i+h_{i+1}}=1-\lambda_i$$

又由于

$$h_i+h_{i+1}=(x_i-x_{i-1})+(x_{i+1}-x_i)=x_{i+1}-x_{i-1}$$

所以

$$\frac{6}{h_i+h_{i+1}}\left(\frac{y_{i+1}-y_i}{h_{i+1}}-\frac{y_i-y_{i-1}}{h_i}\right)=\frac{6}{x_{i+1}-x_{i-1}}(f[x_i,x_{i+1}]-f[x_{i-1},x_i])$$
$$=6f[x_{i-1},x_i,x_{i+1}]$$

记 $d_i=6f[x_{i-1},x_i,x_{i+1}]$，则式(5-4-3)可简写成

$$\mu_iM_{i-1}+2M_i+\lambda_iM_{i+1}=d_i,\ i=1,2,\cdots,n-1 \tag{5-4-4}$$

这是含 $n+1$ 个成为“弯矩”的未知数 $M_i(i=0,1,\cdots,n+1)$的 $n-1$ 个方程，每个方程都含有 3 个弯矩，故称为三弯矩方程(three bending moments equations)。

再结合边界条件就可得到求解参数 $M_i(i=0,1,\cdots,n)$的线性方程组。例如对于第 1 种边界条件，将式(5-4-2)代入边界条件，并与式(5-4-4)合并，可得到方程组：

$$\begin{pmatrix} 2 & 1 & & & & \\ \mu_1 & 2 & \lambda_1 & & & \\ & \mu_2 & 2 & \lambda_2 & & \\ & & \ddots & \ddots & \ddots & \\ & & & \mu_{n-1} & 2 & \lambda_{n-1} \\ & & & & 1 & 2 \end{pmatrix} \begin{pmatrix} M_0 \\ M_1 \\ M_2 \\ \vdots \\ M_{n-1} \\ M_n \end{pmatrix} = \begin{pmatrix} d_0 \\ d_1 \\ d_2 \\ \vdots \\ d_{n-1} \\ d_n \end{pmatrix}$$

其中：

$$d_0 = \frac{6}{h_1}\left[\frac{y_1 - y_0}{h_1} - f'(x_0)\right], \quad d_n = \frac{6}{h_n}\left[f'(x_n) - \frac{y_n - y_{n-1}}{h_n}\right]$$

由于 $0 < \mu_i$，$\lambda_i < 1$，所以上述方程组的系数矩阵是对角线严格占优的，因而方程组必有唯一解，且可用追赶法求解。

例 5-7　已知 $f(-1)=f(1)=0$，$f(0)=1$，$f'(-1)=f'(1)=0$，求 $f(x)$的三次样条函数，并求 $f(\frac{1}{2})$的近似值。

解　所给边界条件是第1种。记 $x_0=-1$，$x_1=0$，$x_2=1$，则有 $h_1=h_2=1$，$\lambda_1=\mu_1=\frac{1}{2}$，再利用差商表可算出 $d_1=-6$，且易算出 $d_0=d_2=6$，于是有三弯矩方程组

$$\begin{pmatrix} 2 & 1 & 0 \\ \frac{1}{2} & 2 & \frac{1}{2} \\ 0 & 1 & 2 \end{pmatrix} \begin{pmatrix} M_0 \\ M_1 \\ M_2 \end{pmatrix} = \begin{pmatrix} 6 \\ -6 \\ 6 \end{pmatrix}$$

解得

$$M_0 = M_2 = 6, \quad M_1 = -6$$

由(5-4-1)知所求3次样条函数为

$$S(x) = \begin{cases} 3(x+1)^2 - 2(x+1)^3, & x \in [-1, 0] \\ 1 - 3x^2 + 2x^3, & x \in [0, 1] \end{cases}$$

因此

$$f\left(\frac{1}{2}\right) \approx S\left(\frac{1}{2}\right) = \frac{1}{2}$$

5.4.3　Matlab中的三次样条函数

Matlab中比较常用的三次样条函数是spline，它有以下几种格式。

(1) spline(X, Y, X1)。完全等价于interp1(X, Y, X1, 'spline')，返回三次样条插值多项式在X1处的值，其中边界条件由最前面2个区间上的3阶导数相等(即它们的最高项系数相等)和最后面2个区间上的3阶导数相等给定。

(2) pp=spline(x, y)。返回结果为

form: 'pp'

breaks: $[x_0 x_1 \cdots x_n]$

```
coefs：[n×4 double]
      pieces：n
      order：4
      dim：1
```

表示得到以数组 x 为节点的 n 段 4 系数(即 3 次)的一维样条(一元函数)，其系数是一个 n×4 矩阵，通过变量名 coefs 可以看到所得的系数矩阵。各小区间上 3 次多项式的系数依次占一行，每行从左到右依次是 3 次项系数到常数项。再通过 ppval(变量名,x1)就可计算出样条函数在 x1 处的近似值。当 y 比 x 的维数多 2 时，y 的首尾两个值就作为两端点外的导数，即返回第一种边界条件的 3 次样条曲线。

例 5-8 用 Matlab 求解例 5-7。

解

```
>>x=[-1, 0, 1];
>>y=[0, 0, 1, 0, 0];
>>r=spline(x, y);
r=form: 'pp'
breaks: [-101]
coefs: [2×4 double]
piece: 2
order: 4
dim: 1
>>r.coefs
ans=-2300
    2-301
>>ppval(r, 1/2)
ans=0.5000
```

5.5 最小二乘拟合法

插值多项式在插值节点与未知函数要有一定的重合，因此样本点数据的观测误差就被保留到了插值多项式中。每个样本点只能观测一次(插值点互不相同)。当观测的样本点很多时，不仅插值逼近的计算量很大，而且插值曲线描述的并非原来函数的变化形态，如图 5-3 所示。

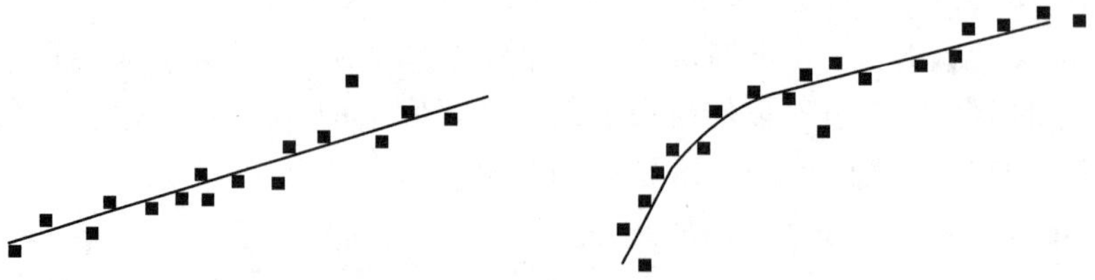

图 5-3 曲线拟合示意图

显然，除极个别点偏离太远外，其余点分别分布在一条直线和一条抛物线周围。本节将介绍寻找能表现未知函数变化趋势的拟合曲线的方法。

5.5.1　基本概念

对测得的一组样本点$(x_i,\ y_i)(i=0,1,\cdots,n)$，欲寻求一个简单函数 $y=\varphi(x)$，使其在样本点处的残差(也称偏差)(residual error)：

$$\delta_i=\varphi(x_i)-y_i,\ i=0,1,\cdots,n$$

“整体”尽可能小，这样确定的函数 $y=\varphi(x)$称为这组样本点的拟合函数(fitted function)，这种构造近似函数的方法称为曲线拟合(fitting of curve)。

对残差“整体”的判别常转化为使残差的平方和最小，即求

$$\sum_{0\leqslant i\leqslant n}\delta_i^2=\sum_{0\leqslant i\leqslant n}[\varphi(x_i)-y_i]^2$$

的最小值，这种方法称为最小二乘法(least square method)。

5.5.2　直线拟合的最小二乘法

对给定的数据$(x_i,\ y_i)(i=0,1,\cdots,n)$，令拟合直线为

$$\varphi(x)=c_1x+c_0$$

其中，c_0 和 c_1 为待定系数。于是残差的平方和就成了待定系数的二元函数，即

$$F(c_0,c_1)=\sum_{i=0}^{n}[\varphi(x_i)-y_i]^2=\sum_{i=0}^{n}(c_0x_i+c_0-y_i)^2$$

求拟合直线的问题也就变成了求 $F(c_0,\ c_1)$最小值的问题。显然所构造的函数 $F(c_0,\ c_1)$对 c_0 和 c_1 都可导，且 $F(c_0,\ c_1)\geqslant 0$，所以必有最小值。再由高等数学的极值理论可知，其最小值点必满足条件：

$$\frac{\partial F}{\partial c_0}=\frac{\partial F}{\partial c_1}=0$$

即

$$\begin{cases}\displaystyle\sum_{i=0}^{n}(c_1x_i+c_0-y_i)=0\\ \displaystyle\sum_{i=0}^{n}x_i(c_1x_i+c_0-y_i)=0\end{cases}$$

$$\begin{cases}(n+1)c_0+\left(\displaystyle\sum_{i=0}^{n}x_i\right)c_1=\displaystyle\sum_{i=0}^{n}y_i\\ \left(\displaystyle\sum_{i=0}^{n}x_i\right)c_0+\left(\displaystyle\sum_{i=0}^{n}x_i^2\right)c_1=\displaystyle\sum_{i=0}^{n}x_iy_i\end{cases}$$

这个方程组称为求最小二乘拟合直线 $\varphi(x)$的法方程组或正规方程组(normal equations)，由此可解得 c_0 和 c_1，从而得到所求直线。

5.5.3 多项式拟合的最小二乘法

对给定的数据$(x_i, y_i)(i=0, 1, \cdots, n)$，令拟合多项式为

$$\varphi(x)=\sum_{j=0}^{m}c_jx^j=c_mx^m+c_{m-1}x^{m-1}+\cdots+c_1x+c_0$$

其中，$c_j(j=0, 1, \cdots, m)$为待定系数，且m一般比n小得多。类似地，求拟合多项式的问题可变成$m+1$元函数：

$$F(c_0, \cdots, c_m)=\sum_{i=0}^{n}(c_mx_i^m+c_{m-1}x_i^{m-1}+\cdots+c_1x_i+c_0-y_i)^2$$

的最小值问题。由极值原理易得这些参数需满足

$$c_m\sum_{i=0}^{n}x_i^{2m-k}+\cdots+c_1\sum_{i=0}^{n}x_i^{m-k+1}+c_0\sum_{i=0}^{n}x_i^{m-k}=\sum_{i=0}^{n}x_i^{m-k}y_i$$

其中，$k=0, 1, \cdots, m$。对应的矩阵形式为

$$\begin{pmatrix} n+1 & \sum_{i=0}^{n}x_i & \cdots & \sum_{i=0}^{n}x_i^m \\ \sum_{i=0}^{n}x_i & \sum_{i=0}^{n}x_i^2 & \cdots & \sum_{i=0}^{n}x_i^{m+1} \\ \vdots & \vdots & & \vdots \\ \sum_{i=0}^{n}x_i^m & \sum_{i=0}^{n}x_i^{m+1} & \cdots & \sum_{i=0}^{n}x_i^{2m} \end{pmatrix}\begin{pmatrix} c_0 \\ c_1 \\ \vdots \\ c_m \end{pmatrix}=\begin{pmatrix} \sum_{i=0}^{n}y_i \\ \sum_{i=0}^{n}x_iy_i \\ \vdots \\ \sum_{i=0}^{n}x_i^my_i \end{pmatrix} \tag{5-5-1}$$

也可简写为

$$\boldsymbol{\Phi}^{\mathrm{T}}\boldsymbol{\Phi}\boldsymbol{C}=\boldsymbol{\Phi}^{\mathrm{T}}\boldsymbol{Y} \tag{5-5-2}$$

其中：

$$\boldsymbol{\Phi}=\begin{pmatrix} 1 & x_0 & \cdots & x_0^m \\ 1 & x_1 & \cdots & x_1^m \\ \vdots & \vdots & & \vdots \\ 1 & x_n & \cdots & x_n^m \end{pmatrix}, \boldsymbol{C}=\begin{pmatrix} c_0 \\ c_1 \\ \vdots \\ c_m \end{pmatrix}, \boldsymbol{Y}=\begin{pmatrix} y_0 \\ y_1 \\ \vdots \\ y_n \end{pmatrix}$$

方程组(5-5-1)或方程组(5-5-2)就是求最小二乘拟合多项式$\varphi(x)$的法方程组，可以证明其系数矩阵$\boldsymbol{\Phi}^{\mathrm{T}}\boldsymbol{\Phi}$对称正定，从而有唯一解。

特别当$m=1$时，就是直线拟合。当$m=2$时，称为二次拟合或抛物线拟合，此时法方程组为

$$\begin{cases} c_0(n+1)+c_1\left(\sum_{i=0}^{n}x_i\right)+c_2\sum_{i=0}^{n}x_i^2=\sum_{i=0}^{n}y_i \\ c_0\sum_{i=0}^{n}x_i+c_1\sum_{i=0}^{n}x_i^2+c_2\sum_{i=0}^{n}x_i^3=\sum_{i=0}^{n}x_iy_i \\ c_0\sum_{i=0}^{n}x_i^2+c_1\sum_{i=0}^{n}x_i^3+c_2\sum_{i=0}^{n}x_i^4=\sum_{i=0}^{n}x_i^2y_i \end{cases} \tag{5-5-3}$$

例 5－9　对表 5－4 所示的观测数据，求其拟合抛物线。

表 5－4　观 测 数 据

i	0	1	2	3	4	5
x	1	1	2	3	4	5
y	5	4	2	1	3	4

解　由于

$$n+1=6,\ \sum_{i=0}^{n}x_i=16,\ \sum_{i=0}^{n}x_i^2=56,\ \sum_{i=0}^{n}x_i^3=226$$

$$\sum_{i=0}^{n}x_i^4=980,\ \sum_{i=0}^{n}y_i=19,\ \sum_{i=0}^{n}x_iy_i=48,\ \sum_{i=0}^{n}x_i^2y_i=174$$

由方程组(5－5－3)可得法方程组

$$\begin{cases}6c_0+16c_1+56c_2=19\\16c_0+56c_1+226c_2=48\\56c_0+226c_1+980c_2=174\end{cases}$$

解得 $c_0=\dfrac{887}{110}$，$c_1=-\dfrac{241}{55}$，$c_2=\dfrac{8}{11}$，故所求拟合抛物线为

$$\varphi(x)=\frac{8}{11}x^2-\frac{241}{55}x+\frac{887}{110}$$

Matlab 中提供的多项式拟合函数是 polyfit，其格式是 P＝polyfit(x，y，m)。它的功能是以 x 和 y 为样本，返回 m 次拟合多项式的系数，其中，m 要小于 X 和 Y 的长度，即样本点个数。再接着用函数 Polyval(p，x1)计算拟合多项式在 x1 点的值。

例 5－10　对表 5－5 中的数据求其拟合直线，并求该函数在 $x=5$ 处的近似值。

表 5－5　数　　据

x_i	1	2	2	3	4
y_i	1	3	1	4	2

```
>>x=[1 2 2 3 4];
>>y=[1 3 1 4 2];
>>p=polyfit(x, y, 1)
p=0.500 1.000
```

这说明拟合直线为：y=0.5x+1

```
>>polyval(p, 5)
ans=3.5000
```

本章小结

本章主要介绍了用多项式进行函数逼近的两类方法：插值和拟合。

给定一些观测的数据点后，插值要求构造的多项式恰好经过这些点，可选用结构简单的 Lagrange 插值多项式或具递推结构的 Newton 插值多项式；附加要求插值点处插值多项式具有已知导数值，则用 Hermite 插值多项式；当插值点较多时，采用高次插值不仅计算量大，逼近效果也不一定好，所以常用分段插值的方式，其中工程和设计中使用较多的是三次样条插值，但它要求分段三次插值多项式具有二阶连续导数。

拟合不要求构造的多项式过给定的点，其最小二乘法原理可以保证在这些点处残差的平方和最小。

实验 5　Lagrange 插值法与最小二乘拟合法

1. 根据表 5－6 中风扇的寿命值，用 Lagrange 插值法估计 70℃时风扇的寿命，并画出 0℃到 70℃时，风扇的寿命预估图。

表 5－6　风扇的寿命表

温度/℃	10	25	40	50	55	65
寿命（$\times 10^3$）/h	100	95	75	63	60	54

程序如下：

```
x=[10 25 40 50 55 65];
y=[100 95 75 63 60 54];
xx = 0:1:70;
yy=lagrange(x, y, xx);
y70 = lagrange(x, y, 70)
plot(x, y, '*', xx, yy);
xlabel('温度/℃');
ylabel('寿命/h×10^3');
function yy=lagrange(x, y, xx)
%Lagrange 插值，求数据(x, y)所对应表达式的函数在插值点 xx 处的插值
m=length(x);
n=length(y);
if m~=n
    error('向量 x, y 长度必须一致');
end
s=0;
for i=1:n
    t=ones(1, length(xx));
```

```
for j=1：n
        if j~=i
            t=t. * (xx-x(j))/(x(i)-x(j));
        end
    end
    s=s+t * y(i);
end
yy=s;
end
```

计算结果：

y(70) = 42.8091

拟合曲线如图 5-4 所示。

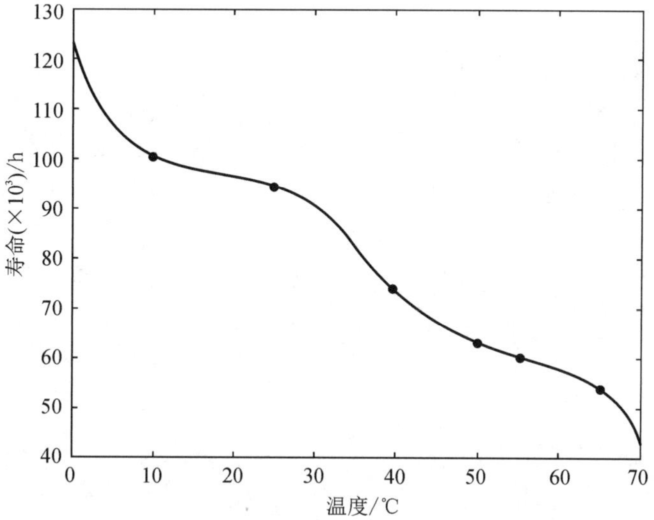

图 5-4　风扇的寿命拟合曲线

2. 使用 Newton 差商法找到经过点(0，1)、(2，2)和(3，4)的插值多项式。

程序如下：

```
xi=[0 2 3];
yi=[1 2 4];
x=sym('x');
y =Newton_fun(x, xi, yi);
functionyy = Newton_fun(x, xi, yi)
n=length(xi);
f=zeros(n, n);
%对差商表第一列赋值
for k=1：n
    f(k)=yi(k);
```

```
end
    %求差商表
    fori=2：n          % 差商表从0阶开始；但是矩阵是从1维开始存储!!!!!!
        for k=i：n
            f(k，i)=(f(k，i-1)-f(k-1，i-1))/(xi(k)-xi(k+1-i))；
        end
    end
    disp('差商表如下：')；
    disp(f)；

    %求插值多项式
    yy=0；
    for k=2：n
        t=1；
        for j=1：k-1
            t=t*(x-xi(j))；
            disp(t)；
        end
        yy=f(k，k)*t+yy；
        disp(yy)；
    end
    yy=f(1，1)+yy；
    end
```

计算结果：

```
差商表如下：
        1.0000         0         0
        2.0000    0.5000         0
        4.0000    2.0000    0.5000
    y = x/2 + (x*(x -2))/2
```

习 题 5

5.1 给定节点数据如表5-7所示，分别求出Lagrange型和Newton型的插值多项式。

表5-7 节点数据

x_i	0	1	3	4
y_i	0	2	8	9

5.2　给定数据如表 5-8 所示，求四次 Newton 型的插值多项式。

表 5-8　数　据　表

x_i	0	1	3	5	6
y_i	1	1	0	1	1

5.3　若 $f(x)=2x^{100}-5x^{99}+10x^2+6$，$x_0$，$x_1$，…，$x_{100}$，$x_{101}$ 是任取的 102 个互异的点，则差商 $f[x_0, x_1, \cdots, x_{100}]$和 $f[x_0, x_1, \cdots, x_{101}]$分别等于什么值？

5.4　求两点三次 Hermite 插值多项式 $p_3(x)$，要求多项式满足 $p_3(0)=p_3'(1)=0$，$p_3(1)=p_3'(0)=1$。

5.5　求取间[0，2]上的三次样条函数 $S(x)$，并使其满足插值条件 $S(0)=0$，$S(1)=1$ 和边界条件 $S'(0)=2$，$S'(2)=1$。

5.6　给定数据表 5-9，用最小二乘法求其拟合直线。

表 5-9　数　据　表

x_i	-2	-1	0	1	2
y_i	0	2	5	8	10

5.7　给定数据如表 5-10 所示，用最小二乘法求其二次拟合多项式。

表 5-10　数　据　表

x_i	-3	-2	0	3	4
y_i	18	10	2	2	5

*5.8　证明：差商的行列式表达式：

$$f[x_0, x_1, \ldots, x_n]=\frac{\begin{vmatrix} 1 & x_0 & x_0^2 & \cdots & x_0^{n-1} & f(x_0) \\ 1 & x_1 & x_1^2 & \cdots & x_1^{n-1} & f(x_1) \\ \vdots & \vdots & \vdots & & \vdots & \vdots \\ 1 & x_n & x_n^2 & \cdots & x_n^{n-1} & f(x_n) \end{vmatrix}}{\begin{vmatrix} 1 & x_0 & x_0^2 & \cdots & x_0^n \\ 1 & x_1 & x_1^2 & \cdots & x_1^n \\ \vdots & \vdots & \vdots & \ddots & \vdots \\ 1 & x_n & x_n^2 & \cdots & x_n^n \end{vmatrix}}$$

*5.9　设 x_0，x_1，…，x_n 是不同的实数，$L_i(x)(i=0, 1, \cdots, n)$是以这些点为插值节点的 Lagrange 基函数。证明对任意的 x 都有：

(1) $\sum\limits_{i=0}^{n} L_i(x)=1$；

(2) $\sum\limits_{i=0}^{n} x_i L_i(x)=x$。

*5.10　已知 $f(0)=-2$，$f(1)=1$，$f(2)=2$，分别求方程 $f(x)=0$ 和 $f(x)=-1$ 的近似解。

5.11　给定数据如表 5-11 所示，用最小二乘法求其形如 $y=a+bt^2$ 的经验公式。

表 5-11 实验数据表

x_i	19	25	31	38	44
y_i	19.0	32.3	49.0	73.3	97.8

5.12 试用二次多项式 $y=c_0+c_1x+c_2x^2$ 按最小二乘原理拟合表 5-12 中的数据。

表 5-12 实验数据表

x	−2	−1	0	1	2
y	0	1	2	1	0

5.13 求 $f(x)=x^3$ 在 $[-1, 1]$ 上关于 $\rho(x)=1$ 的最佳平方逼近二次多项式。

5.14 求 $f(x)=x^2$ 在 $[a, b]$ 上的分段线性插值函数，并估计误差。

5.15 求 $f(x)=x^4$ 在 $[a, b]$ 上的分段 Hermite 插值，并估计误差。

第 6 章

数值积分与数值微分

微分和积分都有着广泛的物理意义和应用价值。对定积分的计算有著名的 Newton-leibnitz 公式：

$$I=\int_a^b f(x)\mathrm{d}x=F(x)\mid_a^b=F(b)-F(a)$$

其中，$F(x)$是 $f(x)$的一个原函数。然而，在工程问题与科学研究中，该公式很难利用，这是因为许多函数无法解出 $F(x)$（如$\int\frac{\sin x}{x}\mathrm{d}x$），甚至只能测得 $f(x)$在有限个点处的值，无法给出 $f(x)$本身的表达式，更无法得到 $F(x)$。同样，当 $f(x)$很复杂或表达式无法给出时，其微分或导数也难以求出。因此，研究定积分和微分的数值计算方法非常有必要。

6.1 插值型求积公式

6.1.1 插值型求积公式的构造

设 x_0，x_1，…，x_n 是区间$[a, b]$上的一组互异节点，且给定 $f(x)$在这些节点处的函数值 $f(x_i)$（$i=0, 1, \cdots, n$），则由 Lagrange 插值多项式有

$$f(x)\approx p_n(x)=\sum_{i=0}^n f(x_i)L_i(x)$$

其中，$L_i(x)$（$i=0, 1, \cdots, n$）是 Lagrange 基函数。

以 $p_n(x)$代替 $f(x)$求积分得

$$\int_a^b f(x)\mathrm{d}x\approx\int_a^b p_n(x)\mathrm{d}x=\sum_{i=0}^n\left[f(x_i)\int_a^b L_i(x)\mathrm{d}x\right] \tag{6-1-1}$$

若记

$$w_i=\int_a^b L_i(x)\mathrm{d}x \tag{6-1-2}$$

则式(6-1-1)可写成

$$\int_a^b f(x)\mathrm{d}x \approx \sum_{i=0}^{n} w_i f(x_i) \tag{6-1-3}$$

称形如式(6-1-3)的求积公式为机械求积公式(mechanical quadrature formula)，$x_i(i=0, 1, \cdots, n)$为求积节点(quadrature node)，$w_i(i=0, 1, \cdots, n)$为求积系数(quadrature coefficient)。若求积系数由式(6-1-2)给出，则称这个求积分公式为插值型求积公式(interpolation quadrature formula)。

例如，给定区间[0，1]上的2个节点($\frac{1}{3}$，y_0)和($\frac{3}{4}$，y_1)，其中y_0和y_1是常数。则

$$\int_0^1 f(x)\mathrm{d}x = y_0 + 2y_1 = f\left(\frac{1}{3}\right) + 2f\left(\frac{3}{4}\right)$$

$$\int_0^1 f(x)\mathrm{d}x = 50y_0 - 3.14y_1 = 50f\left(\frac{1}{3}\right) - 3.14f\left(\frac{3}{4}\right)$$

都是求积公式，简单计算可得

$$\int_0^1 L_0(x)\mathrm{d}x = \int_0^1 \frac{12}{5}\left(\frac{3}{4} - x\right)\mathrm{d}x = \frac{3}{5}$$

$$\int_0^1 L_1(x)\mathrm{d}x = \int_0^1 \frac{12}{5}\left(x - \frac{1}{3}\right)\mathrm{d}x = \frac{2}{5}$$

所以

$$\int_0^1 f(x)\,\mathrm{d}x \approx \frac{3}{5}y_0 + \frac{2}{5}y_1$$

是插值型求积公式。

6.1.2 插值型求积公式的余项

由 Lagrange 插值多项式的余项公式知，插值型求积公式(6-1-1)的余项为

$$\begin{aligned} R[f] &= \int_a^b [f(x) - p_n(x)]\,\mathrm{d}x \\ &= \int_a^b R_n(x)\mathrm{d}x = \int_a^b \frac{f^{(n+1)}(\xi)}{(n+1)!}\prod_{i=0}^{n}(x - x_i)\mathrm{d}x \end{aligned} \tag{6-1-4}$$

当$|f^{(n+1)}(x)| \leqslant M (x \in (a, b))$时，得

$$|R[f]| \leqslant \frac{M}{(n+1)!}\int_a^b \prod_{i=0}^{n} |x - x_i|\,\mathrm{d}x$$

6.1.3 求积公式的代数精度

代数精度是用来衡量机械求积公式精确度的。

定义 6-1 若求积公式对任意不高于m次的多项式都精确成立，而对$m+1$次多项式不能精确成立，则称求积公式的代数精度(algebraic accurancy)为m。

由定积分的性质可知，证明求积公式的代数精度为m，只需要验证它对$x^0=1, x,$

x^2，…，x^m 精确成立，而对 x^{m+1} 不成立即可。

例 6－1　设有求积公式

$$\int_0^1 f(x)\mathrm{d}x \approx \frac{1}{2}f(\frac{1}{3})+\frac{1}{2}f(\frac{3}{4})$$

试求其代数精度。

解　当 $f(x)=1$ 时，有

$$\int_0^1 f(x)\mathrm{d}x=\int_0^1 1\mathrm{d}x=1，\ \frac{1}{2}f\left(\frac{1}{3}\right)+\frac{1}{2}f\left(\frac{3}{4}\right)=1$$

此时求积公式精确成立。

当 $f(x)=x$ 时，有

$$\int_0^1 f(x)\mathrm{d}x=\int_0^1 x\mathrm{d}x=\frac{1}{2}，\ \frac{1}{2}f\left(\frac{1}{3}\right)+\frac{1}{2}f\left(\frac{3}{4}\right)=\frac{13}{24}$$

此时求积公式不成立，所以，该求积公式的代数精度为 0，代数精度为 0 表示它只对 0 次多项式(即常值函数)精确成立。

例 6－2　已知[0，1]上的求积节点 $\frac{1}{3}$ 和 $\frac{3}{4}$，求一个机械求积公式，使其代数精度尽量高。

解　设所求的求积公式为

$$\int_0^1 f(x)\mathrm{d}x \approx Af\left(\frac{1}{3}\right)+Bf(\frac{3}{4})$$

其中，A、B 为待定系数。

由于求积公式含有 2 个待定系数，所以至少需要 2 个方程才能确定它们。让求积公式对 $f(x)=1$ 和 $f(x)=x$ 都精确成立，从而得到关于 A 和 B 的方程组

$$\begin{cases} A+B=\int_0^1 1\mathrm{d}x=1 \\ \frac{1}{3}A+\frac{3}{4}B=\int_0^1 x\mathrm{d}x=\frac{1}{2} \end{cases}$$

解得，$A=\frac{3}{5}$，$B=\frac{2}{5}$，所求的求积公式为

$$\int_0^1 f(x)\mathrm{d}x \approx \frac{3}{5}f\left(\frac{1}{3}\right)+\frac{2}{5}f(\frac{3}{4})$$

这个公式与前面所求插值型求积公式一样。

定理 6－1　具有 $n+1$ 个互异的求积节点 x_0，x_1，…，x_n 的插值型求积公式至少具有 n 次的代数精度。

这也就是说，给定求积节点后，插值型求积公式是代数精度最高的求积形式。

6.2　三个常用的求积公式及其误差

为了方便计算，常取积分区间的等分点作为求积节点，这样得到的插值型求积公式统

称为 Newton-Cotes 公式。由于高次插值多项式的插值余项可能会很大，所以在实际应用中一般只用 1、2、4 等分的插值型求积公式。

6.2.1 梯形公式

取区间的 2 个端点 a 和 b 为节点，所得的 1 次插值多项式 $p_1(x)$ 为过 $(a, f(a))$ 和 $(b, f(b))$ 的直线。根据定积分的几何意义可知，$p_1(x)$ 在 $[a, b]$ 上的定积分 T 就是一个梯形的面积，如图 6 - 1 所示。

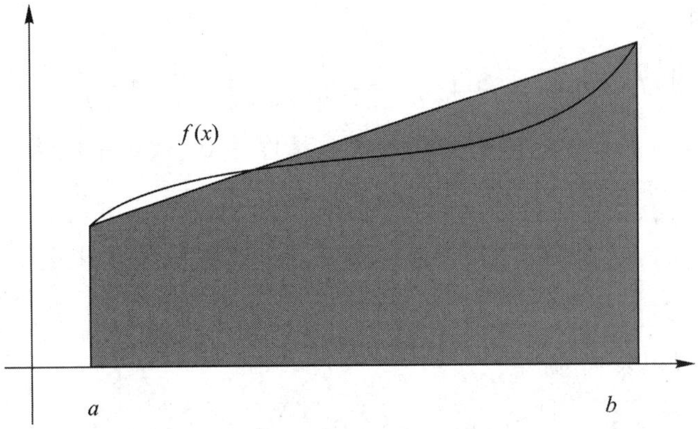

图 6 - 1 梯形求积公式

于是得

$$I = \int_a^b f(x)\mathrm{d}x \approx T = \int_a^b p_1(x) = \frac{b-a}{2}[f(a) + f(b)]$$

这个求积公式称为梯形公式(trapezoidal formula)。

若 $f''(x)$ 在 $[a, b]$ 上连续，则梯形公式有余项估计式

$$R_T = I - T = -\frac{(b-a)^3}{12} f''(\xi)$$

其中，$\xi \in (a, b)$。

事实上，由式(6 - 1 - 4)，有

$$R_T = \frac{f''(\xi)}{2}\int_a^b (x-a)(x-b)\mathrm{d}x = -\frac{(b-a)^3}{12} f''(\xi)$$

容易验证，梯形公式的代数精度为 1。

6.2.2 Simpson 公式

将区间 $[a, b]$ 二等分，取端点 a，b 和中点 $\frac{a+b}{2}$ 为节点，计算可得

$$w_0 = \int_a^b L_0(x)\mathrm{d}x = \frac{1}{6}(b-a)$$

$$w_1 = \int_a^b L_1(x)\mathrm{d}x = \frac{4}{6}(b-a)$$

$$w_2 = \int_a^b L_2(x)\mathrm{d}x = \frac{1}{6}(b-a)$$

因此有

$$I \approx S = \frac{b-a}{6}\left[f(a) + 4f\left(\frac{a+b}{2}\right) + f(b)\right]$$

这个求积公式称为 Simpson 公式(Simpson's formula)或抛物线公式(parabolic quadrature)。

若 $f^{(4)}(x)$在$[a, b]$上连续，可以证明，Simpson 公式有余项估计式

$$R_s = I - S = -\frac{1}{90}\left(\frac{b-a}{2}\right)^5 f^{(4)}(\xi) = -\frac{(b-a)^5}{2880}f^{(4)}(\xi)$$

其中，$\xi \in (a, b)$。

容易验证，Simpson 公式的代数精度为 3。

6.2.3　Cotes 公式

取区间$[a, b]$的 4 等分点为节点，类似可计算得

$$w_0 = w_4 = \frac{7}{90}(b-a),\ w_1 = w_3 = \frac{32}{90}(b-a),\ w_1 = \frac{12}{90}(b-a)$$

即有

$$I = C = \frac{b-a}{90}\left[7f(a) + 32f\left(\frac{3a+b}{4}\right) + 12f\left(\frac{a+b}{2}\right) + 32f\left(\frac{3a+b}{4}\right) + 7f(b)\right]$$

这个求积公式称为 Cotes 公式(Cotesian formula)。

若 $f^{(6)}(x)$在$[a, b]$上连续，可以证明，Cotes 公式有余项估计式

$$R_c = I - C = -\frac{8}{945}\left(\frac{b-a}{4}\right)^7 f^{(6)}(\xi)$$

其中，$\xi \in (a, b)$。

容易验证，Cotes 公式的代数精度为 5。

此外，若取 $x_0 = \frac{a+b}{2}$，用 0 次插值多项式(即常数函数)求积分可得到中矩形求积公式

$$I \approx M = (b-a)f\left(\frac{a+b}{2}\right)$$

由此可得

$$S = \frac{1}{3}T + \frac{2}{3}M$$

容易验证，中矩形公式的代数精度为 1。

类似地，分别取 $x_0 = a$ 和 $x_0 = b$，用 0 次插值多项式求积分可得左矩形求积公式

$$I = (b-a)f(a)$$

和右矩形求积公式

$$I = (b-a)f(b)$$

可以证明它们的代数精度均为 0。

例 6-3　分别利用梯形公式、Simpson 公式和 Cotes 公式计算

$$I=\int_0^1 \frac{4}{1+x^2}\mathrm{d}x$$

的近似值。

解 记 $f(x)=\dfrac{4}{1+x^2}$，则积分的精确值为

$$I=\int_0^1 \frac{4}{1+x^2}\mathrm{d}x=4\arctan x\,|_0^1=\pi$$

由梯形公式得

$$I\approx T=\frac{1-0}{2}[f(0)+f(1)]=3$$

由 Simpson 公式得

$$I\approx S=\frac{1-0}{6}\left[f(0)+4f\left(\frac{1}{2}\right)+f(1)\right]=\frac{47}{15}\approx 3.133\,333\,3$$

由 Cotes 公式得

$$I\approx C=\frac{1-0}{90}\left[7f(0)+32f\left(\frac{1}{4}\right)+12f\left(\frac{1}{2}\right)+32f\left(\frac{3}{4}\right)+7f(1)\right]=\frac{6677}{2125}$$
$$\approx 3.142\,12$$

6.3 复化求积公式

当积分区间较大时，上一节的3个低阶插值型求积公式的误差显然会很大，而由5.5.1节的讨论可知，高阶插值多项式本身的误差也较大。为此，可以先把积分区间分成若干小区间，在每个小区间上使用低阶插值型公式求积，再将这些结果求和得到所求积分近似值，这样得到的求积公式称作复化求积公式(composite quadrature formula)。实际上，它是以分段低次插值多项式代替被积函数求积所得，且易验证它可保持小区间上求积公式的代数精度。

将区间$[a, b]$做 n 等分，分点记为 $x_i=a+ih(i=0, 1, \cdots, n)$，其中，步长 $h=\dfrac{b-a}{n}$。

6.3.1 复化梯形公式

在每个小区间$[x_i, x_{i+1}](i=0, 1, \cdots, n-1)$上使用梯形公式，就得到复化梯形公式：

$$I=\sum_{i=0}^{n-1}\int_{x_i}^{x_{i+1}} f(x)\mathrm{d}x\approx\sum_{i=0}^{n-1}\frac{h}{2}[f(x_i)+f(x_{i+1})]$$
$$=\frac{h}{2}\left[f(a)+2\sum_{i=1}^{n-1}f(x_i)+f(b)\right]=T_n \tag{6-3-1}$$

显然梯形公式就是 $n=1$ 时的复化梯形公式，即 $T_1=T$。

若 $f''(x)$在$[a, b]$上连续，则由连续函数的介值定理可得复化梯形公式的余项估计式：

$$R_T^{[n]} = I - T_n = \sum_{i=0}^{n-1} -\frac{h^3}{12} f''(\xi_i) = -\frac{h^3}{12} \cdot n f''(\xi) = -\frac{b-a}{12} h^2 f''(\xi)$$

其中，$\xi_i \in (x_i, x_{i+1})$，$i=0, 1, \cdots, n-1$，而 $\xi \in (a, b)$。

特别地，当 h 充分小时，由定积分的定义，余项估计式可近似为

$$\begin{aligned} R_T^{[n]} &= \sum_{i=0}^{n-1} -\frac{h^2}{12} f''(\xi_i)(x_{i+1} - x_i) \\ &= -\frac{h^2}{12} \int_a^b f''(x) \mathrm{d}x = -\frac{h^2}{12} [f'(b) - f'(a)] \end{aligned} \tag{6-3-2}$$

Matlab 中的复化梯形公式函数是 trapz，其格式是 trapz(X，Y)或 trapz(Y)。它的功能是以 X 和 Y 为求积节点，利用复化梯形公式求积分。其中变量 X 和 Y 是两个等长的数组，分为存放求积节点的 x 和 y 坐标，若缺省 X，则 X 被取作与 Y 等长且步长为 1 的数组。

例 6-4　取求积节点 0、0.2、0.5 和 1，利用复化梯形公式求 $\int_0^1 \frac{4}{1+x^2} \mathrm{d}x$ 的近似值。

解　命令如下：

```
>>f=inline('4/(1+x^2)')
>>x=[0 0.2 0.5 1];
>>y=f(x);
>>trapz(x, y)
ans=3.1415
```

6.3.2　复化 Simpson 公式

将所有小区间$[x_i, x_{i+1}]$2 等分，记其 2 分点为 $x_{i+\frac{1}{2}} = x_i + \frac{h}{2} = a + \left(i + \frac{1}{2}\right)h$，再在每个区间$[x_i, x_{i+1}]$$(i=0, 1, \cdots, n-1)$上使用 Simpson 公式，就得到复化 Simpson 公式：

$$\begin{aligned} I &= \sum_{i=0}^{n-1} \int_{x_i}^{x_{i+1}} f(x) \mathrm{d}x \approx \sum_{i=0}^{n-1} \frac{h}{6} \left[f(x_i) + 4 f\left(x_{i+\frac{1}{2}}\right) + f(x_{i+1}) \right] \\ &= \frac{h}{6} \left[f(a) + 4 \sum_{i=1}^{n-1} f\left(x_{i+\frac{1}{2}}\right) + 2 \sum_{i=1}^{n-1} f(x_{i+\frac{1}{2}}) + f(b) \right] = S_n \end{aligned} \tag{6-3-3}$$

若 $f^{(4)}(x)$在$[a, b]$上连续，可以证明，Simpson 公式有余项估计式：

$$R_s^{[n]} = I - S_n = -\frac{b-a}{180} \left(\frac{h}{2}\right)^4 f^{(4)}(\xi)$$

其中，$\xi \in (a, b)$。

特别地，当 h 充分小时，其余项估计式为

$$R_s^{[n]} \approx -\frac{1}{180} \left(\frac{h}{2}\right)^4 [f'''(b) - f'''(a)] \tag{6-3-4}$$

6.3.3 复化 Cotes 公式

类似地，将每个小区间$[x_i, x_{i+1}]$做 4 等分，记其分点分别为 $x_{i+\frac{1}{4}}=x_i+\frac{h}{4}$，$x_{i+\frac{1}{2}}=x_i+\frac{h}{2}$，$x_{i+\frac{3}{4}}=x_i+\frac{3}{4}h$，在所有小区间$[x_i, x_{i+1}]$$(i=0, 1, \cdots, n-1)$上使用 Cotes 公式，就得到复化 Cotes 公式：

$$\begin{aligned} I &\approx \frac{h}{90}\left[f(a)+32\sum_{i=0}^{n-1}f\left(x_{i+\frac{1}{4}}\right)+12\sum_{i=0}^{n-1}f\left(x_{i+\frac{1}{2}}\right)+\right. \\ &\left.\quad 32\sum_{i=0}^{n-1}f\left(x_{i+\frac{3}{4}}\right)+14\sum_{i=1}^{n-1}f(x_i)+7f(b)\right] \\ &= C_n \end{aligned} \tag{6-3-5}$$

若 $f^{(6)}(x)$在$[a, b]$上连续，可以证明，复化 Cotes 公式有余项估计式：

$$R_c^{[n]}=I-C_n=-\frac{2(b-a)}{945}\left(\frac{h}{4}\right)^6 f^{(6)}(\xi)$$

其中，$\xi\in(a, b)$。当 h 充分小时，余项估计式近似为

$$R_c^{[n]}\approx-\frac{2}{945}\left(\frac{h}{4}\right)^6[f^{(5)}(b)-f^{(5)}(a)] \tag{6-3-6}$$

例 6-5 将积分区间做 4 等分，然后分别用复化梯形公式和复化 Simpson 公式计算

$$I=\int_0^1\frac{4}{1+x^2}\mathrm{d}x$$

的近似值。

解 记 $f(x)=\frac{4}{1+x^2}$，由 $h=\frac{1}{4}$和复化梯形公式得

$$\begin{aligned} I\approx T_4 &= \frac{1}{2}\times\frac{1}{4}\left[f(0)+2f\left(\frac{1}{4}\right)+2f\left(\frac{1}{2}\right)+2f\left(\frac{3}{4}\right)+f(1)\right] \\ &=\frac{5323}{1700}\approx 3.131\ 18 \end{aligned}$$

由复化 Simpson 公式得

$$\begin{aligned} I\approx S_4 &= \frac{1}{6}\times\frac{1}{4}\left[f(0)+4f\left(\frac{1}{8}\right)+2f\left(\frac{1}{4}\right)+4f\left(\frac{3}{8}\right)+2f\left(\frac{4}{8}\right)+\right. \\ &\left.\quad 4f\left(\frac{5}{8}\right)+2f\left(\frac{6}{8}\right)+4f\left(\frac{7}{8}\right)+f(1)\right] \\ &\approx 3.141\ 592\ 50 \end{aligned}$$

6.3.4 算法实现

这里只给出复化 Simpson 公式的算法描述(算法 6-1)，调用前需要定义一个计算函数值 $f(x)$的子函数：Function$f(x)$。

算法 6-1： 用复合 Simpson 公式求积分近似值。

```
输入：积分区间端点 a 和 b；分割区间个数 n。
输出：积分近似值。
temp=0；
h=(b-a/n)；                                  //步长
x1=a；yl←f(xl)；                             //左端点坐标
for i=0 to n-1
xm=x1+h/2；    ym=f(xm)；                     //中点坐标
x2=x1+h；      y2←f(x2)；                     //右端点坐标
temp=temp+h*(y1+4*ym+y2)/6；                  //累加该区间的积分
x1=x2；   y1=y2；                             //下一区间的左端点
end for
return temp
```

上述算法流程是按复合 Simpson 公式原始定义计算的，即分别在各子区间上使用 Simpson 公式，再对它们的结果求和。因此有较好的阅读性，但计算量较大。为了减少重复计算的次数和乘法的次数，可采用合并后的式(6-3-3)计算。改进算法见算法 6-2。

算法 6-2： 通过复合 Simpson 求积公式计算。

```
输入：积分区间端点 a 和 b；分割区间个数 n。
输出：积分近似值。
h=(b-a/n)；
x=a+h/2；                                    //第 1 个小区间的中点坐标
temp=f(a)+4*f(x)；                            //第 1 个区间左端点和中点的项
for i=1 to n-1
x=x+h/2；                                    //下一个区间的左端点
temp=temp+2*f(x)；     x←x+h/2；              //该区间的中点
temp=temp+4*f(x)；
end for
temp=temp+f(b)；                              //对应右端点的项
temp=temp*h/6；                               //乘以其公因数 h/6
return temp
```

6.4　Romberg 求积公式

复合求积公式不仅适用于大区间的数值积分，也可以提高小区间数值积分的精确度，但步长不好选取，步长过大则达不到精确度要求，步长太小计算量会很大。为此常采用变步长的方法，即根据精确度的需要逐步增加求积节点。

6.4.1 变步长求积公式

将区间$[a, b]$进行 n 等分，得 n 个小区间$[x_i, x_{i+1}]$，记其步长为 h，利用梯形公式可得到小区间$[x_i, x_{i+1}]$上积分近似值为

$$T_n^{[i, i+1]}=\frac{h}{2}[f(x_i)+f(x_{i+1})]$$

用 $x_{i+\frac{1}{2}}$ 将$[x_i, x_{i+1}]$分成步长为$\frac{h}{2}$的两个小区间后，使用复合梯形公式得到区间$[x_i, x_{i+1}]$上积分近似值：

$$T_{2n}^{[i, i+1]}=\frac{h}{4}\left[f(x_i)+2f\left(x_{i+\frac{1}{2}}\right)+f\left(x_{i+1}\right)\right]$$

易见

$$T_{2n}^{[i, i+1]}=T_n^{[i, i+1]}+\frac{h}{2}f\left(x_{i+\frac{1}{2}}\right)$$

上式对 $i=0, 1, \cdots, n-1$ 均成立。将它们相加可得变步长梯形求积公式，或称递推梯形公式(recursive trapezoid formula)

$$T_{2n}=\frac{1}{2}T_n+\frac{h}{2}\sum_{i=0}^{n-1}f\left(x_{i+\frac{1}{2}}\right) \tag{6-4-1}$$

可见，所有小区间进行二分化裂变后得到了复合梯形公式，实际上，是裂变前复合梯形公式 I_n 的一半，加上所有新增节点函数值 $f(x_{i+\frac{1}{2}})$的一半与裂变前步长 $h/2$ 的积。或者说，裂变后的复合梯形公式是裂变前复合梯形公式与复合中矩形公式的平均。

这样，计算出 T_n 后，再计算 T_{2n} 时，就不需要重新计算或存储原 $n+1$ 个分点的函数值，仅需要累加新增分点的函数值即可。

按精度要求逐步细分的变步长复合梯形公式的算法描述如下(算法 6-3)：

算法 6-3：用变步长复合梯形公式求积分的近似值。

```
输入：积分区间[a, b]；误差限 ε。
输出：积分近似值。
h=b−a;                      //步长
T=h*(f(a)+f(b))/2;          //T1 的值
temp=T                      //上一次的值保存在 temp
s=0; s=a+h/2;               //x 为第一个新增节点
while x<b
s=s+f(x); x=x+h;            //累加新节点的函数值
end
T=temp/2+s*h/2;             //利用递推公式计算 T
h=h/2;                      //步长减半，为下次循环做准备
until |T−Temp|<ε;
```

```
11: return T。
12: h=b-a;                    //步长
```

例 6-6 利用变步长复合梯形公式计算

$$I=\int_0^1 \frac{4}{1+x^2}$$

的近似值，精确到 0.000 001。

解 记 $f(x)=\dfrac{4}{1+x^2}$。先取 $h=1$，由梯形公式得

$$T_1=\frac{h}{2}[f(0)+f(1)]=3$$

由变步长复合梯形公式得

$$T_2=\frac{1}{2}T_1+\frac{h}{2}f\left(\frac{1}{2}\right)=\frac{31}{10}=3.1$$

此时 $|T_2-T_1|=0.1>0.000\ 001$。将步长减半为 $h=\dfrac{1}{2}$，再由变步长复合梯形公式得

$$T_4=\frac{1}{2}T_2+\frac{h}{2}\left[f\left(\frac{1}{4}\right)+f\left(\frac{3}{4}\right)\right]=\frac{5323}{1700}\approx 3.131\ 176\ 472$$

而 $|T_4-T_2|\approx 0.031\ 176\ 472>0.000\ 001$。步长再减半为 $h=\dfrac{1}{4}$，得

$$T_8=\frac{1}{2}T_4+\frac{h}{2}\left[f\left(\frac{1}{8}\right)+f\left(\frac{3}{8}\right)+f\left(\frac{5}{8}\right)+f\left(\frac{7}{8}\right)\right]\approx 3.138\ 988\ 495$$

如此下去，各步计算结果如表 6-1 所示。

表 6-1 计算结果

i	$n=2^i$	T_n	$\lvert T_n-T_{\frac{n}{2}}\rvert$
0	1	3	—
1	2	3.1	0.1
2	4	3.131176472	0.031176472
3	8	3.138988495	0.007812023
4	16	3.140941620	0.001953125
5	32	3.141429901	0.000488281
6	64	3.141552448	0.000122547
7	128	3.141582489	0.000030041
8	256	3.141589642	0.000007153
9	512	3.141592026	0.000002384
10	1024	3.141592503	0.000000477

故 $I\approx T_{1024}\approx 3.141\,592\,503$。

6.4.2 Romberg求积公式

假设 $f(x)$在$[a,b]$上有足够高阶的连续导数，则由式(6-3-2)知，当h 充分小，即n充分大时，有

$$R_T^{[n]}=I-T_n\approx -\frac{1}{12}h^2[f'(b)-f'(a)]$$

$$R_T^{[2n]}=I-T_{2n}\approx -\frac{1}{12}\left(\frac{h}{2}\right)^2[f'(b)-f'(a)]$$

故有

$$\frac{I-T_{2n}}{I-T_n}\approx\frac{1}{4} \tag{6-4-2}$$

即步长缩小一半，误差仅能缩小约$\frac{1}{4}$，所以变步长复合梯形求积公式的收敛速度比较慢，整理式(6-4-2)得

$$I-T_{2n}\approx\frac{1}{3}(T_{2n}-T_n) \tag{6-4-3}$$

这说明，用 T_{2n} 作为I 的近似解，其余项(误差的相反数)约为$\frac{1}{3}(T_{2n}-T_n)$，因此

$$\overline{T}=T_{2n}+\frac{1}{3}(T_{2n}-T_n)=\frac{4}{3}T_{2n}-\frac{1}{3}T_n$$

比 T_{2n} 更加精确。将变步长梯形公式(6-4-1)和复合梯形式(6-3-1)代入上式，整理可得到

$$\overline{T}=\frac{1}{6}h\left[f(a)+2\sum_{i=1}^{n-1}f(x_i)+4\sum_{i=0}^{n-1}f\left(x_{i+\frac{1}{2}}\right)+f(b)\right]=S_n$$

可见，$\overline{T}$ 是复合 Simpson 公式的结果。换言之，用变步长梯形公式得到的 T_{2n} 和 T_n 进行加权平均，可得到收敛速度更快的复合 Simpson 公式，即

$$S_n=\frac{4}{3}T_{2n}-\frac{1}{3}T_n=\frac{4}{4-1}T_{2n}-\frac{1}{4-1}T_n$$

再由式(6-3-4)有

$$\frac{I-S_{2n}}{I-S_n}\approx\frac{1}{16} \tag{6-4-4}$$

即步长缩小$\frac{1}{2}$时，复合 Simpson 公式的误差可以缩小约$\frac{1}{16}$。再解(6-4-4)得

$$I\approx\frac{16}{15}S_{2n}-\frac{1}{15}S_n \tag{6-4-5}$$

类似可以验证式(6-4-5)的右端恰好是复合 Cotes 公式 C_n，即

$$C_n=\frac{16}{15}S_{2n}-\frac{1}{15}S_n=\frac{4^2}{4^2-1}S_{2n}-\frac{1}{4^2-1}S_n$$

同样由式(6-3-6)得

$$\frac{I-C_{2n}}{I-C_n}\approx\frac{1}{64}$$

解得

$$I\approx\frac{64}{63}C_{2n}-\frac{1}{63}C_n$$

记

$$R_n=\frac{64}{63}C_{2n}-\frac{1}{63}C_n=\frac{4^3}{4^3-1}C_{2n}-\frac{1}{4^3-1}C_n$$

上式称为 Romberg 公式。

可以证明，Romberg 公式的代数精度为 7。

这样，经过 3 次加权平均的加工，就把收敛速度较慢的复合梯形公式序列 $\{T_{2^n}\}$ 变成快速收敛的 Romberg 序列 $\{R_{2^n}\}$。这个加工过程可用图 6-2 描述，其中圆圈中的数字表示计算的顺序。实际应用中一般只计算到 Romberg 序列。

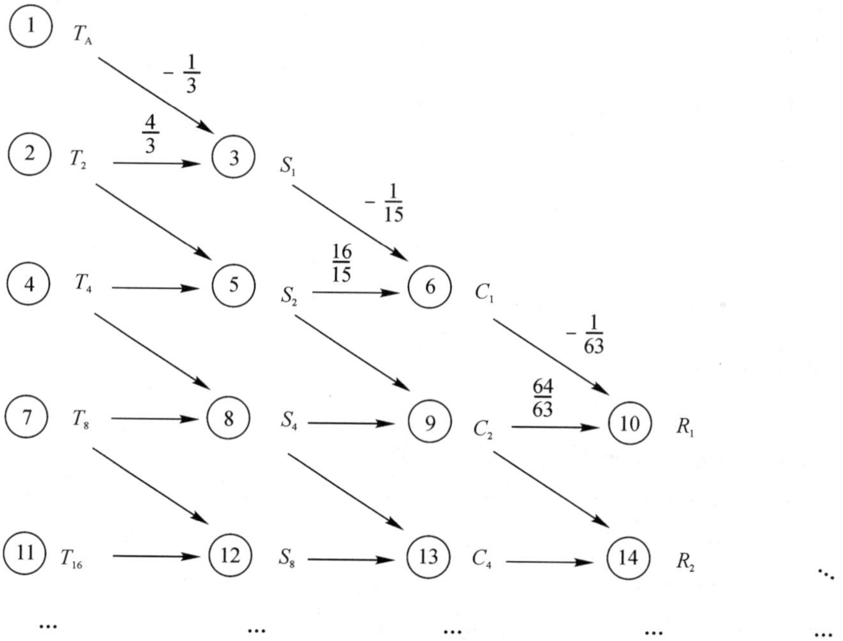

图 6-2 Romberg 求积顺序表

若把它们看作一个下三角矩阵 $\boldsymbol{R}[i, j]$，则其第一列 $\boldsymbol{R}[i, j]$ 由变步长复合梯形递推公式得出，后面各列则由前一列对应的两个数组合而成，即

$$\boldsymbol{R}[i, j]=\frac{4^j}{4^j-1}\boldsymbol{R}[i, j-1]-\frac{1}{4^j-1}\boldsymbol{R}[i-1, j-1], j=1, 2, 3 \qquad (6-4-6)$$

例 6-7 利用 Romberg 算法计算积分

$$I=\int_0^1\frac{4}{1+x^2}dx$$

解 由 Romberg 序列的计算顺序，得到如表 6-2 所示的结果。

表 6-2 计 算 结 果

n	T_n	S_n	C_n	R_n
0	3	—	—	—
1	3.1	3.133 333 3	—	—
2	3.131 176 5	3.141 568 6	3.142 117 6	—
3	3.131 988 5	3.141 592 5	3.141 594 1	3.141 585 8
4	3.140 941 6	3.141 592 7	3.141 592 7	3.141 592 7
5	3.141 429 9	3.141 592 7	3.141 592 7	3.141 592 7

Matlab 中的步长 Simpson 函数为 quad，其格式为

[I, n]=quad('functionName', a, b, tol)

它的功能是利用变步长 Simpson 公式求函数 FunctionName 在区间[a, b]上的积分值，直到误差不超过 tol，积分值返回给变量 I，同时被积函数调用次数返回给 n，其中 tol 省略，则默认为 0.001。也可以省略变量 n，而不去关心调用次数。

例 6-8 利用变步长 Simpon 公式求 $\int_0^1 \frac{4}{1+x^2}\mathrm{d}x$ 的近似值，误差不超过 0.0001。

解 命令如下：

```
>>f=inline(4/(1+x^2))
>>quad(f, 0, 1, 0.0001)
ans=3.1416
```

6.4.3 算法实现

下面给出 Romberg 算法的描述(算法 6-4)。

算法 6-4: 用 Romberg 算法求积分的近似值。

```
输入：积分区间(a, b)；积分限 ε。
输出：积分近似值。
1：i=0;                              //记录区间裂变次数
2：h=b-a;                            //原始步长
3：R[0][0]=h*(f(a)+f(b))/2;          //先算 T[1]
4：repeat
5：i=i+1;                            //区间再次裂变
6：s=0; x←a+h/2;
7：while x<b
8：s=s+f(x)
9：x=x+h;
```

```
end
R[i][0]=R[i-1][0]/2+s*h/2;                    //以上由变步长梯形公式计算得到 T[2n]
R[i][1]=(4*R[i][0]-R[i-1][0])/3;              //算 S[n]
if i>1 then
R[i][2]=(16*R[i][1]-R[i-1][1])/15;            //从第 2 行开始计算 C[n]序列
end if
if i>2 then
R[i][3]=(64*R[i][2]-R[i-1][2])/63;            //从第 3 行开始计算 R[n]序列
end if
h=h/2;                                         //下次循环的步长
until i>2 and |R[i][3]-R[i-1][3]|<ε;          //必须算到 R 序列，且两步偏差不超限
return R[i][3]
```

6.5 Gauss 求积公式

任意给定积分区间$[a, b]$上的 $n+1$ 个互不相同的节点，插值型求积公式的代数精度都至少是 n。本节讨论具有更高代数精度的求积公式。

6.5.1 Gauss 公式的定义

例 6-9 确定求积节点 x_0、x_1 和求积函数 w_0、w_1，使求积公式

$$I=\int_{-1}^{1} f(x)\mathrm{d}x \approx w_0 f(x_0)+w_1 f(x_1)$$

的代数精度尽量高。

解 求积公式有 4 个待定参数 w_0、w_1 和 x_0、x_1，让它对 1、x、x^2、x^3 均成立，就得到非线性方程组

$$\begin{cases} w_0+w_1=\int_{-1}^{1} 1\mathrm{d}x=2 \\ w_0x_0+w_1x_1=\int_{-1}^{1} x\mathrm{d}x=0 \\ w_0x_0^2+w_1x_1^2=\int_{-1}^{1} x^2\mathrm{d}x=\dfrac{2}{3} \\ w_0x_0^3+w_1x_1^3=\int_{-1}^{1} x^3\mathrm{d}x=0 \end{cases}$$

解得 $x_0=-\dfrac{1}{\sqrt{3}}$，$x_1=\dfrac{1}{\sqrt{3}}$，$w_0=w_1=1$。于是有

$$\int_{-1}^{1} f(x)\mathrm{d}x \approx f\left(-\frac{1}{\sqrt{3}}\right)+f\left(\frac{1}{\sqrt{3}}\right)$$

由构造过程可知，这个求积公式代数精度至少为 3。

由上例的构造过程可见，适当选择 $n+1$ 个求积节点和 $n+1$ 个求积系数，可使求积公式的代数精度达到 $2n+1$。

定义 6-2 若具有 $n+1$ 个求积节点的机械求积公式的代数精度至少为 $2n+1$，则称其为 Gauss 求积公式(gaussian quadrature formula)，此时的求积节点 x_0，x_1，…，x_n 称为 Gauss 点(Gaussian nodes)。

6.5.2 Gauss 点的性质

由定理 6-1 可知，Gauss 公式也必是插值型求积公式，所以求 Gauss 公式的关键问题是确定 Gauss 点。

先讨论[-1, 1]上积分 $\int_{-1}^{1} f(x)\mathrm{d}x$ 的 Gauss 点。对于[a, b]区间上的积分，做变量替换，得

$$x=\frac{b-a}{2}t+\frac{a+b}{2}$$

就可化成[-1, 1]上积分

$$\int_a^b f(x)\mathrm{d}x=\frac{b-a}{2}\int_{-1}^{1} f\left(\frac{b-a}{2}t+\frac{a+b}{2}\right)\mathrm{d}t$$

定义 6-3 称仅以区间[-1, 1]上的 Gauss 点 x_i($i=0$, 1, …, n)为零点且首项系数为 1 的 $n+1$ 次多项式，即

$$P_{n+1}(x)=\frac{n!}{(2n)!}\frac{\mathrm{d}^n}{\mathrm{d}x^n}[(x^2-1)^n]$$

6.5.3 Gauss 公式的构造

由 Legendre 多项式求得 Gauss 点后，构造以 Gauss 点为求积节点的插值型求积公式也叫 Gauss-Legendre 求积公式。这里仅列出 1 点、2 点、3 点的 Gauss 公式，即

$$I=\int_{-1}^{1} f(x)\mathrm{d}x\approx 2f(0)$$

$$I\approx f\left(-\frac{1}{\sqrt{3}}\right)+f\left(\frac{1}{\sqrt{3}}\right)$$

$$I\approx\frac{5}{9}\left[f\left(-\sqrt{\frac{3}{5}}\right)+f\left(\sqrt{\frac{3}{5}}\right)\right]+\frac{8}{9}f(0)$$

若 $f^{(2n+2)}(x)$在区间[a, b]上连续，则 Gauss 求积公式的余项为

$$R_G=\frac{f^{(2n+2)}(\xi)}{(2n+2)!}\int_a^b\prod_{i=0}^{n}(x-x_i)^2\mathrm{d}x$$

其中，$\xi\in[a, b]$。

例 6-10 分别利用 1 点、2 点和 3 点 Gauss-Legendre 公式计算积分

$$I=\int_0^1\frac{4}{1+x^2}\mathrm{d}x$$

解　做变量替换 $x=\frac{1}{2}t+\frac{1}{2}$，就得到

$$\int_0^1 \frac{4}{1+x^2}\mathrm{d}x=\int_{-1}^1 \frac{8}{4+(t+1)^2}\mathrm{d}t$$

记 $g(t)=\frac{8}{4+(t+1)^2}$，则由 1 点 Gauss-Legendre 公式得

$$I\approx 2g(0)=\frac{16}{5}=3.2$$

由 2 点 Gauss-Legendre 公式得

$$I\approx g\left(-\frac{1}{\sqrt{3}}\right)+g\left(-\frac{1}{\sqrt{3}}\right)=\frac{192}{61}\approx 3.147\,540\,98$$

由 3 点 Gauss-Legendre 公式得

$$I\approx\frac{5}{9}\left[g\left(-\sqrt{\frac{3}{5}}\right)+g\left(\sqrt{\frac{3}{5}}\right)\right]+\frac{8}{9}g(0)=\frac{8528}{2715}\approx 3.141\,068\,14$$

6.6　数值微分法

利用函数 $f(x)$在某些离散点 $x_0<x_1<\cdots<x_n$ 上的给定值，近似地求出它在某点的导数，即为数值微分(numerical differentiation)。

由导数的定义：

$$f'(x)=\lim_{h\to 0}\frac{f(x+h)-f(x)}{h}$$

可得

$$f'(x)\approx\frac{f(x+h)-f(x)}{h}\tag{6-6-1}$$

分别取 $h=x_{i+1}-x_i$，就可以得到求导数 $f'(x_i)$的近似公式：

$$f'(x_i)\approx\frac{f(x_i)-f(x_{i-1})}{x_i-x_{i-1}}\tag{6-6-2}$$

和

$$f'(x_i)\approx\frac{f(x_{i+1})-f(x_i)}{x_{i+1}-x_i}\tag{6-6-3}$$

这两个公式分别称为向前差商(forward difference quotient)和向后差商(backward difference quotient)公式。

向前差商公式(6-6-2)也常写为式(6-6-1)的形式，而向后差商公式(6-6-3)常写作

$$f'(x)\approx\frac{f(x)-f(x-h)}{h}\tag{6-6-4}$$

根据 Taylor 展开式，有

$$f(x+h)=f(x)+f'(x)h+\frac{1}{2}f''(\xi)h^2 \qquad (6-6-5)$$

$$f(x-h)=f(x)-f'(x)h+\frac{1}{2}f''(\eta)h^2 \qquad (6-6-6)$$

其中，$\xi\in(x, x+h)$，$\eta\in(x-h, x)$。整理得

$$f'(x)-\frac{f(x+h)-f(x)}{h}=-\frac{1}{2}f''(\xi)h$$

$$f'(x)-\frac{f(x)-f(x-h)}{h}=\frac{1}{2}f''(\eta)h$$

即向前差商和向后差商的截断误差均是与步长 h 的 1 次方同阶的无穷小量。

将式(6-6-5)与式(6-6-6)展开到 2 次项，得

$$f(x+h)=f(x)+f'(x)h+\frac{1}{2}f''(x)h^2+\frac{1}{3!}f'''(x)h^3$$

$$f(x-h)=f(x)-f'(x)h+\frac{1}{2}f''(x)h^2-\frac{1}{3!}f'''(\eta)h^3$$

其中，$\xi\in(x, x+h)$，$\eta\in(x-h, x)$，两式相减后整理可得

$$f'(x)\approx\frac{f(x+h)-f(x-h)}{2h}-\frac{1}{12}[f'''(\eta)+f'''(\xi)]h^2$$

即中心差商(central difference quotient)公式：

$$f'(x)\approx\frac{f(x+h)-f(x-h)}{2h}$$

易见中心差商公式的截断误差是与 h^2 同阶的无穷小量。

需要注意的是 h 越小，差商公式的截断误差就越小，结果应该越接近于导数值，但此时 $f(x\pm h)$ 都与 $f(x)$ 很接近，所以计算发生的舍入误差反而会造成有效数字的严重损失，从而使计算结果失真。下面的例子说明利用差商公式计算数值微分时，存在最佳步长问题，即步长太大和太小都会导致计算结果产生较大的误差。

例 6-11 设 $f(x)=\arctan x$，利用向前差商计算 $f'(x)$ 在 $x=\sqrt{2}$ 时的近似值。

解 由 $f(x)=\arctan x$，知 $f'(x)=\dfrac{1}{1+x^2}$。故当 $x=\sqrt{2}$ 时，有准确值 $f'(x)=\dfrac{1}{3}$。取不同步长 $h=\dfrac{1}{16^i}$，利用向前差商公式计算 $x=\sqrt{2}$ 时 $f'(x)$，结果如表 6-3 所示。

表 6-3 计算结果

i	$h=\frac{1}{16^i}$	$f(x+h)$	Δf	$\frac{\Delta f}{h}$
0	1.000 000 000 0	1.178 097 248 1	0.222 780 644 9	0.222 780 644 9
1	0.062 500 000 0	0.975 550 949 6	0.020 234 346 4	0.323 749 542 2
2	0.003 906 250 0	0.956 616 282 5	0.001 299 679 3	0.332 717 895 5
3	0.000 244 140 6	0.955 397 963 5	0.000 081 360 3	0.333 251 953 1
4	0.000 015 258 8	0.955 321 669 6	0.000 005 066 4	0.332 031 250 0
5	0.000 000 953 7	0.955 316 901 2	0.000 000 298 0	0.312 500 000 0
6	0.000 000 059 6	0.955 316 603 2	0.000 000 000 0	0.000 000 000 0

表 6-3 中，$\Delta f=f(x+h)-f(x)$，而 $x=\sqrt{2}$ 点的函数值 $f(x)=0.955\ 316\ 603\ 2$。可见，本例中的最佳步长为 $i=3$ 时的 $h=\frac{1}{16^3}$。

Matlab 中的向前差分函数为 diff，其格式是

diff(X) 或 diff(X, k)

如果 X 是一个 $n+1$ 维向量$(x_0, x_1, \cdots, x_n)$，则 diff(X)返回的是以差分为分量的 n 维向量$(x_1-x_0, x_2-x_1, \cdots, x_n-x_{n-1})$。k 则表示求 k 阶差商，相当于对 X 重复使用 k 次 diff，得到一个 $n-k$ 维向量。

Matlab 中的中心差商函数是 Gradient，其格式是

Grandient(Y, h)

它的功能是把向量 Y 看作函数在等距节点 $x_i=x_0+ih(i=0, 1, \cdots, n)$处的函数值，返回以中心差商公式：

$$f'(x_0)\approx\frac{1}{2h}[-3f(x_0)+3f(x_1)-f(x_2)],$$

$$f'(x_i)\approx\frac{1}{2h}[-f(x_{i-1})+f(x_{i+1})],\ i=0, 1, \cdots, n-1,$$

$$f'(x_n)\approx\frac{1}{2h}[f(x_{n-3})-4f(x_{n-1})+3f(x_n)]。$$

计算的各节点处的数值导数，h 默认为 1。

例 6-12　给定 $h=0.1, f(x_0)=0.1, f(x_1)=0.3, f(x_2)=0, f(x_3)=0.2$，利用向前差商和中心差商计算各节点的数值导数。

解　命令如下：

```
>>h=0.1
>>x=[0.1 0.30 0.2]
>>diff(x)/h
ans=2.0000-3.0000 2.0000
>>grandient(x, h)
ans=2.0000-0.5000-0.5000 2.0000
```

本章小结

本章主要介绍了计算定积分和导数近似值的数值积分和数值微分方法。

数值积分可以通过插值点函数值的线性组合近似表示。在给定插值点后，利用插值多项式代替被积函数求积分，就可得到插值型求积公式。为了有更好的近似，也常使用分段插值多项式的积分结果，得到复合型求积公式。

Romberg 算法是通过建立几种低次复合求积公式间的关系，快速计算较高精确度积分值的一种方法。

Gauss 求积公式以 Gauss 点为求积节点，具有更高的代数精度。

实验 6 复合求积法与变步长求积法

利用 Newton-Cotes 和复化 Cotes 公式计算 $I=\int_0^2 \frac{2}{2+x^2}\mathrm{d}x$。

(1) 使用 Newton－Cotes 公式计算。

```
a = 0;
b = 2;
f = @(x) 2/(2+x^2);
I =ntc(a, b, f)
function I =ntc(a, b, f)
    w1 = (3 * a+b)/4;
    w2 = (a+b)/2;
    w3 = (a+3 * b)/4;
    I = (b-a) * (7 * f(a)+32 * f(w1)+12 * f(w2)+32 * f(w3)+7 * f(b))/90;
end
```

计算结果：I = 1.3519

(2) 使用复化 Cotes 公式计算。

```
a = 0;
b = 2;
f = @(x) 2/(2+x^2);
n = 7;
I =fhntc(a, b, n, f)
function I =fhntc(a, b, n, f)
    h = (b-a)/n;
    I1 = 0;
    I2 = 0;
    fori = 0: n-1
        I1 = I1 +32 * f(a+(i+1/4). * h)…+
            12 * f(a+(i+1/2). * h)…+
            32 * f(a+(i+3/4). * h);
    end
    for j =1: n-1
        I2 = I2+14 * f(a+j. * h);
    end
    I = h * (7 * f(a)+I1+I2+7 * f(b))/90;
end
```

计算结果：I =1.3510

习　题　6

6.1　确定下列求积公式的求积函数，使其具有尽可能高的代数精度：

(1) $\int_{-1}^{1} f(x)\mathrm{d}x \approx w_0 f\left(-\frac{1}{2}\right) + w_1 f\left(\frac{1}{2}\right)$；

(2) $\int_{-1}^{1} f(x)\mathrm{d}x \approx w_0 f(-1) + w_1 f(0) + w_2 f(1)$；

(3) $\int_{0}^{1} f(x)\mathrm{d}x \approx w_0 f\left(\frac{1}{3}\right) + w_1 f(1)$。

6.2　求下列求积公式的代数精度：

(1) $\int_{0}^{1} f(x)\mathrm{d}x \approx \frac{1}{2}\left[f\left(\frac{1}{4}\right) + f\left(\frac{3}{4}\right)\right]$；

(2) $\int_{0}^{1} f(x)\mathrm{d}x \approx \frac{3}{4} f\left(\frac{1}{3}\right) + \frac{1}{4} f(1)$；

(3) $\int_{-1}^{1} f(x)\mathrm{d}x \approx \frac{1}{2}[f(-1) + 2f(0) + f(1)]$。

6.3　证明：

(1) Simpson 公式的代数精度为 3；

(2) Cotes 公式的代数精度为 5。

6.4　给定数据如表 6－4 所示。

表 6－4　给定数据

x_i	1	1.2	1.4	1.6	1.8
$f(x_i)$	2	1	3	0	1

分别利用梯形公式、Simpson 公式和 Cotes 公式计算积分 $I = \int_{1}^{1.8} f(x)\mathrm{d}x$ 的近似值。

6.5　分别利用复合梯形公式和复合 Simpson 公式计算上题积分的近似值。

6.6　利用变步长梯形求积公式计算 $\ln 2 = \int_{1}^{2} \frac{1}{x}\mathrm{d}x$ 的近似值(要求计算到 T_4)。

6.7　利用 Romberg 求积公式计算 $\ln 2 = \int_{1}^{2} \frac{1}{x}\mathrm{d}x$ 的近似值(要求计算到 C_1)。

6.8　给定数据如表 6－5 所示，分别用向前差商公式、向后差商公式和中心差商公式计算各节点处导数的近似值。

表 6－5　数　据　表

x_i	0	1	2
$f(x_i)$	1	3	2

6.9　给定函数在节点 x_0、x_1 和 x_2 处的函数值 $f(x_0)$、$f(x_1)$和 $f(x_2)$，用待定系数法确定形如

$$f'(x_0)=A_0 f(x_0)+A_1 f(x_1)+A_2 f(x_2)$$

和

$$f'(x_1)=B_0 f(x_0)+B_1 f(x_1)+B_2 f(x_2)$$

的系数 A_i 和 $B_i(i=0, 1, 2)$，使它们能对尽量高次的多项式精确成立。

*6.10 用待定系数法确定系数 c 和求积节点 x_0、x_1、x_2，使得求积公式

$$\int_{-1}^{1} f(x)\mathrm{d}x \approx c[f(x_0)+f(x_1)+f(x_2)]$$

具有尽量高的代数精度。

*6.11 证明：不论求积节点 x_i 和求积系数 $w_i(i=0, 1, \cdots, n)$ 如何取值，求积公式

$$\int_a^b f(x)\mathrm{d}x \approx w_0 f(x_0)+w_1 f(x_1)+\cdots+w_n f(x_n)$$

的代数精度都不超过 $2n+1$。

提示：只需验证求积公式对 $2n+2$ 次多项式 $P_{2n+2}(x)=\prod_{i=0}^{n}(x-x_i)^2=(x-x_0)^2(x-x_1)^2\cdots(x-x_n)^2$ 不能精确成立。

6.12 如果 $f''(x)>0$，证明用梯形公式计算积分 $I=\int_a^b f(x)\mathrm{d}x$ 所得结果比准确值大，并说明其几何意义。

6.13 用 $n=1$ 的 Gauss-Legendre 公式计算积分 $\int_1^3 \mathrm{e}^x \sin x\,\mathrm{d}x$。

6.14 用 $n=2$ 的 Gauss-Legendre 公式计算积分 $\int_1^3 \mathrm{e}^x \sin x\,\mathrm{d}x$。

6.15 将积分区间做四等分，计算积分 $\int_1^3 \frac{\mathrm{d}y}{y}$（用复合两点 Gauss 公式）。

6.16 证明：等式 $n\sin\frac{\pi}{n}=\pi-\frac{\pi^3}{3!n^2}+\frac{\pi^5}{5!n^4}-\cdots$

第 7 章

常微分方程的数值解法

本章讨论常微分方程初值问题(initial value problem)

$$\begin{cases} y' = f(x, y), a \leqslant x \leqslant b \\ y(a) = y_0 \end{cases}$$

的数值解法。常微分方程(Ordinary Differential Equation，ODE)在科学计算里经常遇到，自然界的很多规律都可用常微分方程来描述，这些实际问题的求解都依赖于常微分方程的求解。由于只有很特殊的方程才能用解析法求解，且求解方法缺乏一般性，因而有必要讨论求解常微分方程的数值方法。通常假定方程中 $f(x, y)$对 y 满足 Lipschitz 条件，即

$$\exists L > 0, \forall y_1, y_2, |f(x, y_1) - f(x, y_2)| \leqslant L |y_1 - y_2|$$

在 Lipschitz 条件下，以上初值问题的解存在且唯一。

假定方程的精确解为 $y(x)$，求它的数值解就是在区间$[a, b]$上取一组离散点 $a = x_0 < x_1 < \cdots < x_n \leqslant b$，求解 $y(x)$在离散点上的近似值 y_0，y_1，…，y_n。通常取

$$x_n = a + nh, n = 0, 1, \cdots, n$$

其中，h 为步长，求方程的数值解是按节点 $x_i (i = 1, 2, \cdots, n)$的顺序逐步推进求得 y_1，y_2，…，y_n。要想求解常微分方程的数值解，要先给出数值解公式，即对原问题离散化，再研究公式的局部截断误差。另外，计算公式还存在稳定性问题，以及当 $h \to 0$ 时数值解是否趋向于精确解，即收敛性问题。

7.1 Euler 方法

本节介绍采用 Euler 方法求解初值问题，假定方程组存在唯一解：

$$\begin{cases} y' = f(x, y), a \leqslant x \leqslant b \\ y(a) = y_0 \end{cases} \tag{7-1-1}$$

虽然实际中很少使用 Euler 方法，但是它的推导方法简单，可用于说明如何构造一些更高级的方法。

7.1.1 常规 Euler 方法

要在一组点上求方程的近似值，我们要考虑如果已知 x_n 上的值 y_n 时，如何求得 x_{n+1} 上的函数值。

显然式(7－1－1)中导数无法直接通过计算得到。一种最简单的方法是将节点 x_n 的导数 $y'(x_n)$ 用向前差商 $[y(x_n+h)-y(x_n)]/h$ 代替，于是式(7－1－1)的方程可近似写成

$$y(x_{n+1})\approx y(x_n)+hf(x_n,\ y(x_n)),\ n=0,\ 1,\ \cdots,\ N-1 \qquad (7-1-2)$$

从 x_0 出发，令 $y(x_0)=y(a)=y_0$，由式(7－1－2)可得 $y(x_1)\approx y_0+hf(x_0,\ y_0)=y_1$，再将 $y(x_1)$ 代入式(7－1－2)，得到的近似值为

$$y_2=y_1+hf(x_1,\ y_1)$$

以上迭代过程可以写成

$$\begin{cases} y(x_{n+1})=y_n+hf(x_n,\ y_n),\ n=0,\ 1,\ \cdots,\ N-1 \\ y(x_0)=y_0 \end{cases} \qquad (7-1-3)$$

称这一方法为初值问题的 Euler 方法。

Euler 方法也可利用 $y(x_{n+1})$ 的 Taylor 展开式得到。略去公式

$$y(x_n+h)=y(x_n)+hy'(x_n)+\frac{h^2}{2}y''(\xi_n),\ \xi_n\in(x_n,\ x_{n+1})$$

的余项，取 $y(x_n)\approx y_n$，就能得到近似计算公式(7－1－3)。

另外，还可对式(7－1－1)的方程两端由 x_n 到 x_{n+1} 积分，得

$$y(x_{n+1})-y(x_n)=\int_{x_n}^{x_{n+1}}f(x,\ y(x))\,\mathrm{d}x \qquad (7-1-4)$$

若右段积分用左矩形公式，再取 $y(x_n)\approx y_n$，$y(x_{n+1})\approx y_{n+1}$，也可得式(7－1－3)的结果，所以无论是通过导数近似、Taylor 展开还是积分，都可以得到 Euler 公式。

如果在积分式(7－1－4)中采用右矩形公式，则

$$y_{n+1}=y_n+hf(x_{n+1},\ y_{n+1}),\ n=0,\ 1,\ \cdots,\ N-1 \qquad (7-1-5)$$

这种方法称为后退(隐式)Euler 方法，也可以用向后差商公式或在 x_{n+1} 处的 Taylor 展开式推出式(7－1－5)。左矩形公式及右矩形公式积分的精度都比较差，可以考虑梯形公式求解积分。在式(7－1－4)中采用梯形公式，则

$$y_{n+1}=y_n+\frac{h}{2}[f(x_n,\ y_n)+f(x_{n+1},\ y_{n+1})],n=0,\ 1,\ \cdots,\ N-1y_{n+1}$$

$$=y_n+hf(x_{n+1},\ y_{n+1}),\ n=0,\ 1,\ \cdots,\ N-1 \qquad (7-1-6)$$

这种方法称为梯形方法，也可用在 x_{n+1} 处的中心差商公式或 Taylor 展开式得到式(7－1－6)。

Euler 方法、后退 Euler 方法以及梯形方法都是由 x_n、y_n 计算得到 y_{n+1}，这种只用向前一步即可算出的公式称为单步法(single-step method)，其中，Euler 方法可由 y_0 逐步直接求出 y_1，y_2，…，y_n 的值，也称为显式 Euler 方法(explicit method)；而后退 Euler 方法及梯形法右端含有 $f(x_{n+1},\ y_{n+1})$，当 $f(x,\ y)$对 y 为非线性时它不能直接求出 y_{n+1}，此时应把它看作一个方程求解 y_{n+1}，这类方法也称为隐式 Euler 方法(implicit method)。

隐式 Euler 法及梯形法可写成不动点方程的形式：

$$y_{n+1}=h\beta f(x_{n+1},\ y_{n+1})+g$$

对隐式 Euler 法有 $\beta=1$，$g=y_n$，对梯形法则有 $\beta=\dfrac{1}{2}$，$g=y_n+\dfrac{h}{2}f(x_n,\ y_n)$，$g$ y_{n+1} 与 y_{n+1} 无关。利用不动点方程可构造迭代算法：

$$y_{n+1}^{(k+1)}=h\beta f(x_{n+1},\ y_{n+1}^{(k)})+g,\ k=0,\ 1,\ \cdots,\ N-1 \tag{7-1-7}$$

由于 $f(x,\ y)$ 对 y 满足 Lipschitz 条件，故有

$$|y_{n+1}^{(k+1)}-y_{n+1}|=h\beta|f(x_{n+1},\ y_{n+1}^{(k)})-f(x_{n+1},\ y_{n+1})|\leqslant h\beta L|y_{n+1}^{(k)}-y_{n+1}|$$

当 $h\beta L<1$ 即 $h<\dfrac{1}{L\beta}$ 时，$y_{n+1}^{(k)}$ 收敛到 y_{n+1}，因此只要步长 h 足够小，就可以保证迭代收敛。特别地，对隐式 Euler 方法，当 $h<\dfrac{1}{L}$ 时迭代收敛；对梯形法，当 $h<\dfrac{2}{L}$ 时迭代序列收敛。

算法 7-1： 显示 Euler 方法

输入：区间端点 a，b；区间[a，b]的等份数 N；初值条件 y0。

输出：在 N+1 个等距节点上函数 y(x)的近似值向量 y[]。

```
h=(b-a)/N;
x=a;
y[0]=y0;
for i=1 to N
y[i]=y[i-1]+hf(x, y[i-1]);
x=x+h
end for
return y;
```

例 7-1 用显式 Euler 方法及步长 $h=0.1$ 求解初值问题：

$$\begin{cases} y'=x^3+y^3+1,\ 0\leqslant x\leqslant 8 \\ y(0)=0 \end{cases}$$

解 这里 $f(x,\ y)=x^3+y^3+1$，$x_n=nh=0.1n(n=0,\ 1,\ \cdots,\ 8)$，$y(0)=0$，由 Euler 公式计算可得

$$\begin{cases} y(0.1)\approx y_1=y_0+h(x_0^3+y_0^3+1)=0.1 \\ y(0.2)\approx y_2=y_1+h(x_1^3+y_1^3+1)=0.2002 \\ y(0.3)\approx y_3=y_2+h(x_2^3+y_2^3+1)=0.301\ 802 \\ y(0.4)\approx y_4=y_3+h(x_3^3+y_3^3+1)=0.407\ 251 \\ y(0.5)\approx y_5=y_4+h(x_4^3+y_4^3+1)=0.520\ 406 \\ y(0.6)\approx y_6=y_5+h(x_5^3+y_5^3+1)=0.647\ 000 \\ y(0.7)\approx y_7=y_6+h(x_6^3+y_6^3+1)=0.795\ 683 \\ y(0.8)\approx y_8=y_7+h(x_7^3+y_7^3+1)=0.980\ 359 \end{cases}$$

7.1.2 改进的 Euler 公式(预测-校正法)

Euler 公式是一种显式算法，计算量小，但是精度较低；梯形公式可以提高精度，但是它是一种隐式算法，每一步都要用迭代法解方程，因而计算量很大。为了解决以上问题，一种有效的措施是构造预测-校正法(predictor corrector method)，具体做法如下：

(1) 先用显示 Euler 公式得到一个初步的近似值，记为 $\overline{y_{n+1}}$ 并称之为预报值；

(2) 由于预报值 $\overline{y_{n+1}}$ 的精度较低，因此用它代替梯形公式右端的 y_{n+1}，重新使用梯形公式计算一次，就得到了校正值 y_{n+1}。

这样建立的预报-校正系统称为隐式 Euler 公式：

$$\begin{cases} \overline{y_{n+1}} = y_n + hf(x_n, y_n) \\ y_{n+1} = y_n + \dfrac{h}{2}\left[f(x_n, y_n) + f\left(x_{n+1}, \overline{y_{n+1}}\right)\right] \end{cases} \tag{7-1-8}$$

例 7-2 分别用显式 Euler 方法和隐式 Euler 方法求解初值问题：

$$\begin{cases} y' = y - \dfrac{2x}{y}, \ 0 \leqslant x \leqslant 1 \\ y(0) = 1 \end{cases}$$

并与解析解 $y = \sqrt{1+2x}$ 作比较。

解 (1) 显式 Euler 方法。

$$y_{n+1} = y_n + h\left(y_n - \frac{2x_n}{y_n}\right)$$

取步长 $h-0.1$，计算结果如表 7-1 所示。

表 7-1 显式 Euler 方法计算的近似值

x_n	y_n	$y(x_n)$	x_n	y_n	$y(x_n)$
0.1	1.1000	1.0954	0.6	1.5090	1.4832
0.2	1.1918	1.1832	0.7	1.5803	1.5492
0.3	1.2774	1.2649	0.8	1.6498	1.6125
0.4	1.3582	1.3416	0.9	1.7178	1.6773
0.5	1.4351	1.4142	1.0	1.7848	1.7321

(2) 隐式 Euler 方法。

$$\begin{cases} \overline{y_{n+1}} = y_n + h\left(y_n - \dfrac{2x_n}{y_n}\right) \\ y_{n+1} = y_n + h\left(y_n - \dfrac{2x_n}{y_n}\right) + \overline{y_{n+1}} - \dfrac{2x_{n+1}}{\overline{\overline{y_{n+1}}}} \end{cases} \tag{7-1-9}$$

取 $h=0.1$，计算结果如表 7-2 所示。

表 7-2　隐式 Euler 方法计算的近似值

x_n	y_n	$y(x_n)$	x_n	y_n	$y(x_n)$
0.1	1.0959	1.0954	0.6	1.4860	1.4832
0.2	1.1841	1.1832	0.7	1.5525	1.5492
0.3	1.2662	1.2649	0.8	1.6165	1.6125
0.4	1.3434	1.3416	0.9	1.6782	1.6773
0.5	1.4164	1.4142	1.0	1.7379	1.7321

对比以上计算结果可知，隐式 Euler 方法的计算精度有明显提高。

7.1.3　局部截断误差与方法的阶

通过单步法计算时，如果考虑每一步产生的误差，则从 x_0 开始，直至 x_n 有误差 $e_n=y(x_n)-y_n$，这种误差称为在 x_n 点的整体截断误差(global truncation error)。分析和计算整体截断误差比较复杂，为此，常微分方程数值解中仅考虑 x_n 到 x_{n+1} 这一步的局部情况，而把之前的计算看作无误差，即令 $y_n=y(x_n)$，称

$$\begin{cases} y_n=y(x_n) \\ e_{n+1}=y(x_{n+1})-y_{n+1} \end{cases} \tag{7-1-10}$$

为单步法在 x_{n+1} 处的局部截断误差(local truncation error)。

以下给出局部误差式(7-1-10)的另一种形式。记单步法的一般形式为

$$y_{n+1}=y_n+h\varphi(x_n, y_n, y_{n+1}, h) \tag{7-1-11}$$

即常微分方程的解 y_{n+1} 等于 y_n 加上一个增量 $h\varphi$，其中，φ 与微分方程等号右端的函数有关。

定义 7-1　设 $y(x)$ 为初值问题式(7-1-1)的精确解，则

$$T_{n+1}=y(x_{n+1})-y(x_n)-h\varphi(x_n, y(x_n), y_{n+1}, h) \tag{7-1-12}$$

称为单步法在 x_{n+1} 处的局部截断误差。

(1) 对显式 Euler 公式，将式(7-1-11)中的 $y(x_{n+1})$ 在 x_n 处进行 Taylor 展开，代入式(7-1-12)可得

$$\begin{aligned} T_{n+1}&=y(x_{n+1})-y(x_n)-h\varphi(x_n, y(x_n)) \\ &=\left[y(x_n)+y'(x_n)h+\frac{h^2}{2}y''(x_n)+O(h^3)\right]-y(x_n)-y'(x_n)h \\ &=\frac{1}{2}y''(x_n)h^2+O(h^3) \end{aligned}$$

(2) 对隐式 Euler 公式，将式(7-1-12)中的 $y(x_{n+1})$ 和 $y'(x_{n+1})$ 在 x_n 处进行 Taylor 展开，可得

$$\begin{aligned} T_{n+1}&=y(x_{n+1})-y(x_n)-h\varphi(x_{n+1}, y(x_{n+1})) \\ &=y(x_{n+1})-y(x_n)-hy'(x_{n+1}) \end{aligned}$$

$$= \left[y(x_n)+y'(x_n)h+\frac{1}{2}y''(x_n)h^2+O(h^3)\right]-$$
$$y(x_n)-h[y'(x_n)+y''(x_n)h+O(h^2)]$$

（3）对梯形公式，进行类似推导，得

$$T_{n+1}=y(x_{n+1})-y(x_n)-\frac{h}{2}[\varphi(x_n, y(x_n))+\varphi(x_{n+1}, y(x_{n+1}))]$$
$$=y(x_{n+1})-y(x_n)-\frac{h}{2}[y'(x_n)+y'(x_{n+1})]$$
$$=\left[y(x_n)+y'(x_n)h+\frac{1}{2}y''(x_n)h^2+\frac{1}{6}y'''(x_n)h^3+O(h^4)\right]-$$
$$y(x_n)-\frac{h}{2}\left[y'(x_n)+y'(x_n)+y''(x_n)h+\frac{1}{2}y'''(x_n)h^2+O(h^3)\right]$$
$$=\frac{1}{12}y'''(x_n)h^3+O(h^4)$$

根据局部截断误差，引入阶的概念。

定义 7-2 若一个方法的局部截断误差为

$$T_{n+1}=O(h^{p+1})\text{或}T_{n+1}=H(x_n, y(x_n))h^{p+1}+O(h^{p+2})$$

则称该方法是 p 阶的或具有 p 阶精度，第一个非零项 $H(x_n, y(x_n))h^{p+1}$ 称为该方法的局部截断误差主项。

根据定义可知显式 Euler 方法、隐式 Euler 方法和梯形方法的精度及误差主项如表 7-3 所示。

表 7-3 不同方法的精度

方 法	精 度	误差主项
显式 Euler 方法	1 阶	$\frac{1}{2}y''(x_n)h^2$
隐式 Euler 方法	2 阶	$-\frac{1}{2}y''(x_n)h^2$
梯形方法	3 阶	$-\frac{1}{12}y'''(x_n)h^3$

例 7-3 设初值问题为

$$\begin{cases}y'=\dfrac{2x}{3y^2}, \ 0\leqslant x\leqslant 1\\ y(0)=1\end{cases}$$

分别用显式 Euler 方法(取 $h=0.1$)、隐式 Euler 方法($h=0.2$)求其数值解，并与问题的精确解 $y(x)=\sqrt[3]{1+x^2}$ 作对比。

解 （1）用显式 Euler 方法。取 $h=0.1$ 时，$x_n=nh(n=0, 1, \cdots, 10)$，计算公式为

$$\begin{cases}y_0=1\\ y_{n+1}=y_n+0.1\times\dfrac{2x_n}{3y_n^2}, \ n=0, 1, \cdots, 9\end{cases}$$

计算结果如表 7-4 所示。

表 7-4　显式 Euler 方法计算的近似值

n	x_n	y_n	$y(x_n)$	$\lvert y(x_n)-y_n \rvert$
0	0.0	1	1	0
1	0.1	1	1.003 322	0.003 322
2	0.2	1.006 667	1.013 159	0.006 492
3	0.3	1.019 824	1.029 142	0.006 492
4	0.4	1.039 054	1.050 718	0.009 318
5	0.5	1.063 754	1.077 217	0.011 664
6	0.6	1.093 211	1.107 932	0.013 463
7	0.7	1.126 681	1.142 165	0.014 720
8	0.8	1.163 443	1.179 274	0.015 484
9	0.9	1.202 845	1.218 689	0.015 830
10	1.0	1.244 314	1.259 921	0.015 607

(2) 用隐式 Euler 方法。取 $h=0.2$，故 $x_n=nh(n=0, 1, \cdots, 5)$。计算公式为

$$\begin{cases} y_0=1 \\ \overline{y_{n+1}}=y_n+0.2\times\dfrac{2x_n}{3y_n^2} \\ y_{n+1}=y_n+\dfrac{0.2}{2}\times\left(\dfrac{2x_n}{3y_n^2}+\dfrac{2x_{n+1}}{3\overline{y}_{n+1}^2}\right), n=0, 1, \cdots, 5 \end{cases}$$

计算结果如表 7-5 所示。

表 7-5　隐式 Euler 方法计算的近似值

n	x_n	$\overline{y_n}$	y_n	$y(x_n)$	$\lvert y(x_n)-y_n \rvert$
0	0.0	—	1	1	0
1	0.2	1	1.013 333	1.013 159	1.74×10^{-4}
2	0.4	1.039 303	1.051 006	1.050 718	2.88×10^{-4}
3	0.6	1.099 288	1.108 248	1.107 932	3.16×10^{-4}
4	0.8	1.173 383	1.179 552	1.179 274	2.78×10^{-4}
5	1.0	1.256 216	1.260 130	1.259 921	2.09×10^{-4}

对比以上两种方法可见，相比显式 Euler 方法，隐式 Euler 方法计算结果的精确度要高很多。

7.2 高阶 Taylor 方法

假定微分方程

$$\begin{cases} y' = f(x, y), \ a \leqslant x \leqslant b \\ y(a) = y_0 \end{cases}$$

的解 $y(x)$ 有 $n+1$ 阶连续导数，将 $y(x)$ 在 x_n 处进行 Taylor 展开，则

$$y(x_{n+1}) = y(x_n) + hy'(x_n) + \frac{y''(x_n)}{2}h^2 + \cdots + \frac{y^{(n)}(x_n)}{n!}h^n + \frac{y^{(n+1)}(\xi_n)}{(n+1)!}h^{n+1} \tag{7-2-1}$$

其中，$\xi_n \in (x_n, x_{n+1})$。

由给定的微分方程可得出 $y(x)$ 的各阶导数如下：

$$y'(x) = f(x, y(x))$$
$$y''(x) = f'(x, y(x))$$
$$\vdots$$
$$y^{(n)}(x) = f^{(n-1)}(x, y(x))$$

将以上各阶导数 $y^{(k)}(x)$ 代入式(7-2-1)，则称公式

$$y(x_{n+1}) = y(x_n) + hf(x_n, y(x_n)) + \frac{h^2}{2}f'(x_n, y(x_n)) + \cdots + \frac{h^n}{n!}f^{(n-1)}(x_n, y(x_n)) + \frac{h^{n+1}}{(n+1)!}f^{(n)}(\xi_n, y(\xi_n)) \tag{7-2-2}$$

为 n 阶 Taylor 方法。

用 y_n，y_{n+1} 分别代替 $y(x_n)$ 和 $y(x_{n+1})$ 并舍掉余项，可得 n 阶 Taylor 方法的迭代公式：

$$\begin{cases} y_0 = y(a) \\ y_{n+1} = y_n + hT^{(n)}(x_n, y_n), \ n = 0, 1, \cdots, N-1 \end{cases} \tag{7-2-3}$$

其中，$T^{(n)}(x_n, y_n) = f(x_n, y_n) + \cdots + \frac{h^{n-1}}{n!}f^{(n-1)}(x_n, y_n)$。

由式(7-2-2)及式(7-2-3)可知，n 阶 Taylor 方法的局部截断误差为

$$y(x_{n+1}) - y_{n+1} = \frac{h^{n+1}}{(n+1)!}f^{(n)}(\xi_n, y(\xi_n)) = O(h^{n+1})$$

即具有 n 阶精度。

例 7-4 取 $h=0.2$，应用 2 阶和 4 阶 Taylor 方法求解初值问题

$$y' = y - x^2 + 1, \ 0 \leqslant x \leqslant 2, \ y(0) = 0.5$$

解 已知 $f(x, y(x)) = y(x) - x^2 + 1$，因此

$$f'(x, y(x)) = \frac{\mathrm{d}}{\mathrm{d}x}(y - x^2 + 1) = y' - 2x = y - x^2 - 2x + 1$$

$$f''(x, y(x)) = \frac{\mathrm{d}}{\mathrm{d}x}(y - x^2 + 1 - 2x) = y' - 2x - 2 = y - x^2 - 2x - 1$$

$$f'''(x, y(x)) = \frac{\mathrm{d}}{\mathrm{d}x}(y - x^2 - 2x - 1) = y' - 2x - 2 = y - x^2 - 2x - 1$$

所以

$$T^{(2)}(x_n, y_n) = f(x_n, y_n) + \frac{h}{2}f'(x_n, y_n) = y_n - x_n^2 + 1 + \frac{h}{2}(y_n - x_n^2 - 2x_n + 1)$$

$$=\left(1+\frac{h}{2}\right)(y_n-x_n^2+1)-hx_n$$

$$T^{(4)}(x_n, y_n)=f(x_n, y_n)+\frac{h}{2}f'(x_n, y_n)+\frac{h^2}{6}f''(x_n, y_n)+\frac{h^3}{24}f'''(x_n, y_n)$$

$$=y_n-x_n^2+1+\frac{h}{2}(y_n-x_n^2-2x_n+1)+\frac{h^2}{6}(y_n-x_n^2-2x_n-1)+$$

$$\frac{h^3}{24}(y_n-x_n^2-2x_n-1)$$

$$=\left(1+\frac{h}{2}+\frac{h^2}{6}+\frac{h^3}{24}\right)(y_n-x_n^2)-\left(1+\frac{h}{3}+\frac{h^2}{12}\right)hx_n+1+\frac{h}{2}-\frac{h^2}{6}-\frac{h^3}{24}$$

若 $h=0.2$，则 $x_n=0.2n(n=1, 2, \cdots, 10)$，由上式和式(7-2-3)可得 2 阶 Taylor 方法：

$$\begin{cases}y_{n+1}=1.22y_n-0.0088n+0.22\\y_0=0.5\end{cases}$$

和 4 阶 Taylor 方法

$$\begin{cases}y_{n+1}=1.2214y_n-0.008856n^2-0.0856n+0.2186\\y_0=0.5\end{cases}$$

表 7-6 给出了原问题的解 $y(x)=(x+1)^2-0.5\,e^x$ 的实际值、2 阶、4 阶 Taylor 方法的结果以及这些方法的实际误差。

表 7-6　初值问题 $y'=y-x^2+1$，$0\leqslant x\leqslant 2$，$y(0)=0.5$ 的数值解

x_n	精确解	2 阶 Taylor 法		4 阶 Taylor 法	
	$y(x_{n+1})=(x_n+1)^2-0.5e^{x_n}$	y_n	$\lvert y(x_n)-y_n\rvert$	y_n	$\lvert y(x_n)-y_n\rvert$
0.0	0.500 000 0	0.500 000 0	0	0.500 000 0	0
0.2	0.829 298 6	0.830 000 0	0.000 701 4	0.829 300 0	0.000 001 4
0.4	1.214 087 7	1.215 800 0	0.001 712 3	1.214 091 0	0.000 003 4
0.6	1.648 940 6	1.652 076 0	0.003 135 4	1.648 946 8	0.000 006 2
0.8	2.127 229 5	2.132 332 7	0.005 103 2	2.127 239 6	0.000 010 1
1.0	2.640 859 1	2.648 645 9	0.007 786 8	2.640 874 4	0.000 015 3
1.2	3.179 941 5	3.191 348 0	0.011 406 5	3.179 964 0	0.000 022 5
1.4	3.732 400 0	3.748 644 6	0.016 244 6	3.732 432 1	0.000 032 1
1.6	4.283 483 8	4.306 146 4	0.022 662 6	4.283 528 5	0.000 044 7
1.8	4.815 176 3	4.846 298 6	0.031 122 3	4.815 237 7	0.000 061 5
2.0	5.305 472 0	5.347 684 3	0.042 212 3	5.305 555 4	0.000 083 4

7.3 Runge-Kutta 法

7.2 节讨论的 Taylor 方法具有高阶局部截断误差的良好性质，但需要计算 $f(x, y)$的导数并求值。在大多数情况下，这是一个既耗时又复杂的过程，所以 Taylor 方法在实际中没有得到广泛应用。相反，本节描述的 Runge-Kutta 方法(以下简称为 R-K 方法)具有较高阶的局部截断误差，同时省略了求导的过程，是常用的数值方法。

将隐式 Euler 公式(7－1－8)改写为

$$\begin{cases} y_0 = y(a) \\ y_{n+1} = y_n + hT^{(n)}(x_n, y_n), \ n=0, 1, \cdots, N-1 \end{cases} \tag{7-3-1}$$

式(7－3－1)是以 x_i 和 x_{i+1} 点处 $y=y(x)$的两个斜率值的平均值代替 Euler 公式中的斜率 $y'(x_n)=f(x_n, y_n)$组合成增量部分，将斜率的平均改为加权平均，可以构造新的 2 阶公式。

7.3.1 2 阶 R-K 公式

设要构造的目标公式为

$$\begin{cases} y_{n+1} = y_n + h(\lambda_1 k_1 + \lambda_2 k_2) \\ k_1 = f(x_n, y_n) \\ k_2 = f(x_n + ph, y_n + phk_1) \end{cases} \tag{7-3-2}$$

其中，λ_1,λ_2 以及 p 为 3 个待定参数，通过确定这 3 个参数可使式(7－3－2)具有 2 阶精度。

令 $y_n=y(x_n)$，设 $f(x, y)$,$y(x)$充分光滑，由 Taylor 展开式得

$$\begin{aligned} y(x_{n+1}) &= y(x_n) + hy'(x_n) + \frac{y^2}{2}y''(x_n) + O(h^3) \\ &= y(x_n) + hf(x_n, y(x_n)) + \frac{h^2 df}{2dx}\Big|_{(x_n, y(x_n))} + O(h^3) \end{aligned} \tag{7-3-3}$$

对式(7－3－2)进行 2 阶 Taylor 展开，得

$$\begin{aligned} y_{n+1} &= y_n + h[\lambda_1 f(x_n, y_n) + \lambda_2 f(x_n + ph, y_n + phf(x_n, y_n))] \\ &= y_n + h[\lambda_1 f(x_n, y_n)] + h\lambda_2[f(x_n, y_n)] + f_x(x_n, y_n)ph + \\ &\quad f_x(x_n, y_n)phf(x_n, y_n) + O(h^2) \end{aligned} \tag{7-3-4}$$

由于考虑的是局部截断误差，应有 $y(x_n)=y_n$，因此

$$f(x_n, y(x_n)) = f(x_n, y_n)$$

$$\frac{\mathrm{d}y}{\mathrm{d}x}f(x, y(x))\Big|_{x=x_n} = (f_x + f_x f)(x_n, y_n)$$

将式(7－3－3)和式(7－3－4)相减，可知式(7－3－2)具有 2 阶精度，等价于

$$\begin{cases}\lambda_1+\lambda_2=1\\ \lambda_2 p=\dfrac{1}{2}\end{cases}\tag{7-3-5}$$

通过以上构造，可由式(7－3－2)和式(7－3－5)联立构成2阶精度单步显式公式。由于它使用两个斜率值，故称为2阶R-K公式。通常令 $\lambda_1=0$，可得 $\lambda_2=1, p=1/2$，则

$$\begin{cases}y_{n+1}=y_n+hk_2\\ k_1=f(x_n, y_n)\\ k_2=f\left(x_n+\dfrac{h}{2}, y_n+\dfrac{h}{2}k_1\right)\end{cases}\tag{7-3-6}$$

若取 $\lambda_1=\lambda_2=\dfrac{1}{2}$，则 $p=1$，就称式(7－3－6)为改进Euler公式。

7.3.2　3阶/4阶R-K公式

取多个点处斜率的加权平均，可将式(7－3－2)推广到更一般的形式

$$\begin{cases}y_{n+1}=y_n+h\left[\lambda_1k_1+\cdots+\lambda_Rk_R\right]\\ k_1=f(x_n, y_n)\\ k_2=f(x_n+p_2h, y_n+q_{21}hk_1)\\ \vdots\\ k_R=f(x_n+p_nh, y_n+q_{R1}hk_1+\cdots+q_{R,R-1}hk_{R-1})\end{cases}\tag{7-3-7}$$

其中，λ_i，p_i，$q_{i,s}$ 等均为待定参数，$R\geqslant1$。式中用到 R 个斜率值进行加权平均，所以称以上方法为 R 级R-K方法。

当 $R=1$ 时，式(7－3－7)实际就是Euler公式。

当 $R=2$ 且参数满足式(7－3－5)时，式(7－3－7)就是2级2阶R-K方法。

当 $R=3$ 时，有

$$\begin{cases}y_{n+1}=y_n+h\left[\lambda_1k_1+\lambda_2k_2+\lambda_3k_3\right]\\ k_1=f(x_n, y_n)\\ k_2=f(x_n+p_2h, y_n+q_{21}hk_1)\\ k_3=f(x_n+p_3h, y_n+q_{31}hk_1+q_{32}hk_2)\end{cases}\tag{7-3-8}$$

类似以上做法，对比 $y(x_{n+1})$ 与式(7－3－8)中 y_{n+1} 的展开式，在 $y(x_n)=y_n$ 条件下令两展开式中 h、h^2、h^3 的系数相等，得

$$\begin{cases}\lambda_1+\lambda_2+\lambda_3=1\\ p_2=q_{21}\\ p_3=q_{31}+q_{32}\\ \lambda_2p_2+\lambda_3p_3=\dfrac{1}{2}\\ \lambda_2p_2^2+\lambda_3p_3^2=\dfrac{1}{3}\\ \lambda_3p_3q_{32}=\dfrac{1}{6}\end{cases}\tag{7-3-9}$$

满足式(7-3-9)的公式(7-3-8)称为3级3阶R-K方法。一种确定的3级3阶R-K方法为

$$\begin{cases} y_{n+1}=y_n+\frac{h}{6}(k_1+4k_2+k_3) \\ k_1=f(x_n,\ y_n) \\ k_2=f\left(x_n+\frac{h}{2},\ y_n+\frac{h}{2}k_1\right) \\ k_3=f(x_n+h,\ y_n-hk_1+2hk_2) \end{cases} \tag{7-3-10}$$

对 $R=4$，作相似的推导，可得含有13个未知数11个方程的参数约束条件，从而得到4级4阶R-K方法，最常用的4阶经典R-K方法为

$$\begin{cases} y_{n+1}=y_n+\frac{h}{6}(k_1+2k_2+2k_3+k_4) \\ k_1=f(x_n,\ y_n) \\ k_2=f\left(x_n+\frac{h}{2},\ y_n+\frac{h}{2}k_1\right) \\ k_3=f\left(x_n+\frac{h}{2},\ y_n+\frac{h}{2}k_2\right) \\ k_4=f(x_n+h,\ y_n+hk_3) \end{cases} \tag{7-3-11}$$

4阶经典R-K方法的算法如下。

算法7-2： 4阶经典R-K方法

输入：区间端点a，b；整数N；初值条件y0。

输出：在N+1个等距节点上函数y(x)的近似值向量y[]。

1：h=(b-a)/N；

2：x=a；

3：y[0]=y0；

4：for i=1 to N

5： k1=f(x, y[i-1])；

6： k2=f(x+$\frac{h}{2}$, y[i-1]+$\frac{h}{2}$k1)；

7： k3=f(x+$\frac{h}{2}$, y[i-1]+$\frac{h}{2}$k2)；

8： k4=f(x+h, y+hk3)；

9： y[i]=y[i-1]+$\frac{h}{6}$(k1+2k2+2k3+k4)；

10： x=x+h；

11：end for

12：return y

例 7-5　用 4 阶经典 R-K 方法(步长 $h=0.1$)解初值问题

$$\begin{cases} y' = x - y + 1, \ 0 \leqslant x \leqslant 0.5 \\ y(0) = 1 \end{cases}$$

解　针对所给的问题，4 阶经典 R-K 公式如下：

$$\begin{cases} k_1 = x_n - y_n + 1 \\ k_2 = \left(x_n + \dfrac{0.1}{2}\right) - \left(y_n + \dfrac{0.1}{2}k_1\right) + 1 \\ k_3 = \left(x_n + \dfrac{0.1}{2}\right) - \left(y_n + \dfrac{0.1}{2}k_2\right) + 1 \\ k_4 = (x_n + 0.1) - (y_n + 0.3k_3) + 1 \\ y_{n+1} = y_n + \dfrac{0.1}{6}(k_1 + 2k_2 + 2k_3 + k_4) \end{cases}$$

由 $y_0 = y(0) = 1$ 计算得

$$k_1 = 0, \ k_2 = 0.05, \ k_3 = 0.0475, \ k_4 = 0.095\ 25$$

进而得 $y_1 = 1.004\ 837\ 50$。类似计算可得

$$\begin{cases} y_2 = 1.018\ 730\ 90 \\ y_3 = 1.040\ 818\ 42 \\ y_4 = 1.070\ 320\ 29 \\ y_5 = 1.106\ 530\ 93 \end{cases}$$

7.3.3　Matlab 中用 R-K 方法解常微分方程的函数

Matlab 中，基于 R-K 方法求解常微分方程的函数是 obe23 和 obe45，其调用格式为

ode23('fn', $[x_0, x_1, \cdots, x_n]$, y_n)

或

ode45('fn', $[x_0, x_1, \cdots, x_n]$, y_n)

它们的功能分别是采用 2 阶-3 阶和 4 阶-5 阶 R-K 方法求解初值问题：

$$\begin{cases} y' = f(x, y), \ x \in [a, b] \\ y(a) = y_0 \end{cases}$$

求解节点 $x_0 = a$，x_1，…，$x_n = b$ 处的数值解 y_0，y_1，…，y_n 时。若只给区间$[a, b]$，则它们会先将区间适当等分，然后求解各节点上的数值解，其中，fn 是自定义函数的表达式或函数名。

例 7-6　求解初值问题 $y'(x) = x + y^2 (x \in [0, 0.4])$，$y(0) = 1$ 的数值解。

解　命令如下：

```
>>[x, y]=ode23(inline('x+y^2'), [0, 0.1, 0.2, 0.25, 0.4], 1)
x=00.100 00.200 00.250 00.4000
y=1.000 01.116 51.273 61.372 21.7894
```

本章小结

本章介绍了求初值问题式(7－1－1)的数值解的方法，这里假定 $f(x, y)$对 y 满足 Lipschitz 条件。求数值解先要建立求解的差分格式，涉及的基本概念是对应方法局部截断误差方法的阶、收敛性与整体误差等。求解方法按使用初值个数不同分为单步法及多步法两类。单步法计算时只要用到前一点的值，多步法则要用到前面的多个值。另外按是否用到下一步的计算结果，单步法又分为显式方法和隐式方法，显式方法计算较为简便，而隐式方法计算时还要利用迭代，在实际计算时一般采用预测-校正法和 R-K 方法。

实验 7 常微分方程的 Euler 方法与 R-K 方法

取步长为 0.1，分别用 Euler 方法和 4 阶经典 R-K 方法求初值问题

$$\begin{cases}\dfrac{\mathrm{d}x}{\mathrm{d}t}=x-\cos(t)\sin(x)\\ x(0)=1\end{cases}$$

的数值解并绘图比较。

```
h = 0.1;
x0 = 1;
t0 = 0;
t1 = 2;
[xx, tt]=Eulea(@a_1, t0, t1, h, x0);
[x, t] = RKorder4(@a_1, t0, t1, h, x0);
plot(t, x, tt, xx);
legend('rk', 'euler')
function [x, t] = RKorder4(f, t0, t1, h, x0)
x=zeros(size(x0, 1), ((t1-t0)/h)+1);
x(:, 1)=x0;
t=t0: h: t1;
for i=1: ((t1-t0)/h)
    k1=h*f(t(i), x(:, i));
    k2=h*f(t(i)+h/2, x(:, i)+k1/2);
    k3=h*f(t(i)+h/2, x(:, i)+k2/2);
    k4=h*f(t(i)+h, x(:, i)+k3);
    x(:, i+1)=x(:, i)+(1/6)*(k1+2*k2+2*k3+k4);
end
end
function [x, t]=Eulea(fun, t0, t1, h, x0)
```

```
t=t0: h: t1;
N=(t1-t0)/h;
x(1)=x0;
for i=2: N+1
    x(i)=x(i-1)+h*fun(t(i-1), x(i-1));
end
end
function dx = a_1(t, x)
dx(1) = x(1)-cos(t)*sin(x(1));
end
```

不同方法计算的数值解如图 7-1 所示。

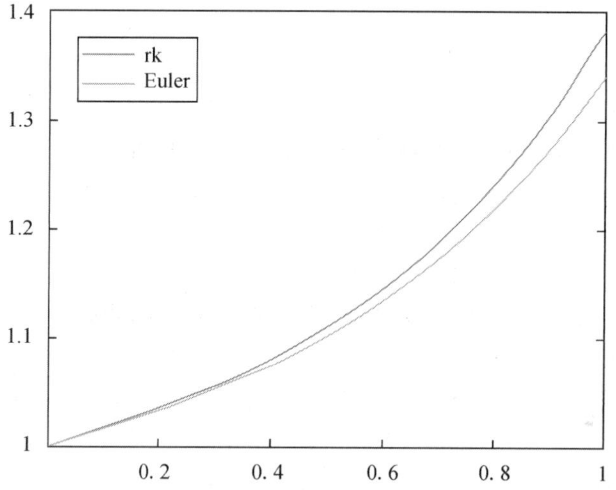

图 7-1　不同方法计算的数值解

习　题　7

7.1　列出求解下列初值问题的显式 Euler 公式：

(1) $y'=x^2-y^2(0\leqslant x\leqslant 0.4)$，$y(0)=1$，$h=0.2$；

(2) $y'=\left(\dfrac{y}{x}\right)^2+\dfrac{y}{x}(1\leqslant x\leqslant 1.2)$，$y(1)=1$，$h=0.1$。

7.2　用显式 Euler 方法，以步长 $h=0.2$ 解初值问题

$$\begin{cases}y'=-xy^2-y\ (0\leqslant x\leqslant 0.6)\\ y(0)=1\end{cases}$$

7.3　用显式 Euler 公式求解初值问题：

$$y'=ax+b,\ y(0)=0$$

(1) 导出近似解的显式表达式；

(2) 证明整体截断误差为 $y(x_n)-y_n=\frac{1}{2}a_nh^2$。

7.4 设初值问题为

$$\begin{cases}y'+y+y^2\sin x=0\\ y(1)=1\end{cases}$$

用隐式 Euler 方法，以步长 $h=0.2$ 计算 $y(1.2)$ 及 $y(1.4)$ 的近似值，要求小数点后至少保留 5 位。

7.5 用 2 阶及 4 阶 Taylor 方法求解初值问题：

$$\begin{cases}y'=2x+y,\ 0\leqslant x\leqslant 1\\ y(0)=1\end{cases}$$

取步长 $h=0.5$。

7.6 用梯形公式求解初值问题：

$$\begin{cases}y'=8-3y,\ 1\leqslant x\leqslant 2\\ y(1)=2\end{cases}$$

取 $h=0.2$，数值解保留至小数点后 5 位。

7.7 取步长 $h=0.2$，用 4 阶经典 R-K 方法求解初值问题

$$\begin{cases}y'=x+y,\ 0\leqslant x\leqslant 1\\ y(0)=1\end{cases}$$

并与精确解 $y(x)=2\,e^x-x-1$ 比较。

7.8 取步长 $h=0.2$，用 4 阶经典 R-K 方法求解初值问题

$$\begin{cases}y'=\dfrac{3y}{1+x},\ 0\leqslant x\leqslant 1\\ y(0)=1\end{cases}$$

7.9 对初值问题：

$$\begin{cases}y'=8-3y,\ 0\leqslant x\leqslant 1\\ y(0)=2\end{cases}$$

(1) 写出用 4 阶经典 R-K 方法求解的计算公式；

(2) 取 $h=0.2$，计算 $y(0.4)$ 的近似值(保留小数点后 4 位)。

*7.10 证明：求解初值问题 $y'=f(x,y)$，$y(a)=y_0$ 的隐式单步法

$$y_{n+1}=y_n+\frac{h}{6}[4f(x_n,y_n)+2f(x_{n+1},y_{n+1})+hf'(x_n,y_n)]$$

为 3 阶方法。

*7.11 对初值问题 $y'=f(xy)$，$y(a)=y_0$；

(1) 试推导以下数值求解公式：

$$y_{n+1}=y_n+hf(x_n,y_n)+\frac{h}{2}f'(x_n,y_n)[y_n+x_nf(x_n,y_n)]$$

(2) 指出上述求解公式的阶数。

7.12 用 2 阶 Taylor 展开法求解 $f(x)=\begin{cases}y'=x^2+y^2\\ y(1)=1\end{cases}$ 的解在 $x=1.5$ 时的近似值，要求结果至少保留 5 位小数。

7.13　求初值问题 $f(x)=\begin{cases}\dfrac{dy}{dx}=x+y^2, & 0<x\leqslant 0.4\\ y(0)=1\end{cases}$ 的解(取步长 $h=0.2$)。

7.14　证明中点公式 $y_{n+1}=y_n+hf\left(x_n+\dfrac{h}{2},\ y_n+\dfrac{1}{2}hf(x_n+y_n)\right)$是 2 阶的。

7.15　对于初值问题 $f(x)=\begin{cases}y'=-100(y-x^2)\\ y(0)=1\end{cases}$，用显式 Euler 法求解，要使计算稳定，求步长的范围。

7.16　证明：线性多步法 $y_{n+1}+\alpha(y_n-y_{n-1})-y_{n-2}=\dfrac{1}{2}(3+\alpha)h(f_n+f_{n-1})$存在一个 α 使方法是 4 阶的。

部分习题参考答案

习 题 1

1.1 (1) 2.667×10^{-6}, 8.491×10^{-8};

(2) 7.346×10^{-6}, 2.338×10^{-6};

(3) -5.482×10^{-3}, -2.017×10^{-3};

(4) 4.919×10^{-5}, 2.840×10^{-5}。

1.2 (1) 0.0121; (2) 0.099; (3) 0.2004; (4) 0.012; (5) 0.000 249 9。

1.3 (1) $\varepsilon_1=0.5$, $\varepsilon_2=1.5456\text{e}-04$, 有效数字位数: 4;

(2) $\varepsilon_1=5\times10^{-5}$, $\varepsilon_2=0.0139$, 有效数字位数: 2;

(3) $\varepsilon_1=5\times10^{-10}$, $\varepsilon_2=1.66\text{e}-04$, 有效数字位数: 4;

(4) $\varepsilon_1=0.005$, $\varepsilon_2=1.66\text{e}-04$, 有效数字位数: 5。

1.4 (1) 2.718 28, $\dfrac{1}{2}\times10^{-6}$;

(2) 2.7183; $\dfrac{1}{2}\times10^{-5}$;

(3) 4 个。

1.5 3, 3, 3。

1.6 (1) $\dfrac{2x^2}{(1+2x)(1+x)}$; (2) $2\sin^2\dfrac{x}{2}$; (3) $x+\dfrac{1}{2}x^2+\dfrac{1}{6}x^3+\dfrac{1}{24}x^4$。

1.7 (4) 式结果最好。

1.8 计算到 x_{10} 时的误差限为 $10^{10}\varepsilon^*$, 即若 x_0 处的误差限为 ε^*, 则 x_{10} 处的误差限将扩大为 ε^* 的 10^{10} 倍, 可见这个计算过程是不稳定的。

1.9 解方程 $x^2-56x+1=0$ 得

$$x=\frac{56\pm\sqrt{56^2-4}}{2}=28\pm\sqrt{783}$$

由题意知 $\sqrt{783}\approx27.982$ 具有 5 位有效数字, 故可取

$$x_1=28+\sqrt{783}\approx55.982,\ x_2=28-\sqrt{783}=0.017\ 86$$

因此 $x_1=55.982$, $x_2=0.017\ 86$。

1.10 (1) 0.000 152 3; (2) −12.206 073 76; (3) $\dfrac{1}{576\ 840}$。

1.11 算法 2 准确; 原因略。

1.12 球体体积公式为 $V=\dfrac{4}{3}\pi R^3$, 体积计算的条件数

$$C_p=\left|\frac{R\cdot V'}{V}\right|=\left|\frac{R\cdot4\pi R^2}{\frac{4}{3}\pi R^3}\right|=3$$

所以

$$\varepsilon_r(V^*)\approx C_p\cdot\varepsilon_r(R^*)=3\varepsilon_r(R^*)$$

又因为 $\varepsilon_r(V^*)=1\%$，所以度量半径 R 所允许的相对误差限

$$\varepsilon_r(R^*)=\frac{1}{3}\varepsilon_r(V^*)=\frac{1}{3}\times 3\%=0.01$$

1.13　考虑对数函数的病态性问题，设 $f(x)=\ln x$，则其条件数为

$$C_p=\left|\frac{xf'(x)}{f(x)}\right|=\left|\frac{x\dfrac{1}{x}}{\ln x}\right|=\left|\frac{1}{\ln x}\right|$$

当 $x=1$ 时，C_p 充分大，问题为病态。对于 $\ln x-\ln y=\ln\dfrac{x}{y}$，由于 $x\approx y$，即 $\dfrac{x}{y}=1$ 故用 $\ln x-\ln y=\ln\dfrac{x}{y}$ 不能减少舍入误差。

1.14　因为 $f(x)=\ln(x-\sqrt{x^2-1})$，所以 $f(30)=\ln(30-\sqrt{899})$。

设 $u=\sqrt{899}$，$y=f(30)$，则由 6 位函数表得 $u^*=29.9833$，因而 $\varepsilon(u^*)=\dfrac{1}{2}\times 10^{-4}$。

对于 $f(u)=\ln(30-u)$，有 $f'(u)=\dfrac{-1}{30-u}$。由 $\varepsilon[f(u^*)]\approx|f'(u^*)|\varepsilon(u^*)$，得

$$\varepsilon(y^*)\approx\frac{1}{|30-u^*|}\cdot\varepsilon(u^*)=\frac{1}{0.0167}\cdot\varepsilon(u^*)\approx 3\times 10^{-3}$$

1.15　685。

1.16　设正方形的边长为 x，其面积为 $y=x^2$。由题设知 x 的近似值 $x^*=100$ cm。记 y^* 为 y 的近似值，则

$$e(y^*)=y^*-y=(x^2)'|_{x=x^*}(x^*-x)=2x^*(x^*-x)=200(x^*-x)$$

又由题意知 $\varepsilon(y^*)\approx 200\varepsilon(x^*)\leqslant 1$，故 $\varepsilon(x^*)<\left(\dfrac{1}{200}\right)cm=0.005$ cm。

习　题　2

2.1　设 $f(x)=1-x-\sin x$，则有

$$f(0)=1>0,\ f(1)=-\sin 1<0$$

因为 $f(x)$ 在 $[0, 1]$ 上连续且 $f(0)\cdot f(1)=-\sin 1<0$，因此 $f(x)$ 在 $[0, 1]$ 上有根。

当 $x\in[0, 1]$ 时，$f'(x)=-1-\cos x<0$，所以 $f(x)$ 在 $[0, 1]$ 上单调递减。

综上，方程 $1-x-\sin x=0$ 在 $[0, 1]$ 中有且只有一个根。

采用二分法计算，其误差计算公式为 $|x^*-x^k|\leqslant\dfrac{b-a}{2^{k+1}}\leqslant\varepsilon$。

对于本题有 $\dfrac{1}{2^{k+1}}\leqslant\dfrac{1}{2}\times 10^{-3}$，解得 $k\geqslant\log_2 1000$，k 取 10 即可满足要求。

2.2　1.428，0.001。

2.3　证明略；11 次。

2.4 略。

2.5 方程的根为 1.369。

2.6 (1) 不收敛；(2) 收敛 1.4052。

2.7 用牛顿法求解的迭代公式 $x_{n+1}=x_n-\frac{x_n-\cos x_n}{1+\sin x_n}=\frac{x_n\sin x_n+\cos x_n}{1+\sin x_n}$ $(n=0, 1, \cdots)$，取初值 $x_0=1$，计算结果见下表。

n	0	1	2	3
x_n	1.000	0.7504	0.7391	0.7391

2.8

$$f(x)=x^3-3x-1=0,\quad x_0=2$$

$$x_{k+1}=x_k-\frac{x_k^3-3x_k-1}{1+\sin x_n}=\frac{2x_k^3+1}{3x_k^2-3}$$

$$x_1=\frac{2x_0^3+1}{3x_0^2-3}=\frac{2\times 2^3+1}{3\times 2^2-3}=\frac{17}{9}=1.889$$

$$x_2=\frac{2x_1^3+1}{3x_1^2-3}=1.8794$$

$$x_3=\frac{2x_2^3+1}{3x_2^2-3}=1.8794$$

综上所述，方程的近似根为 1.8974。

2.9 考虑 $f(1)=-7$，$f(2)=16>0$，可知有限区间 [1, 2]，在 [1, 2] 区间上 $f'=3x^2+4x+10>10$，可见方程在 [1, 2] 区间上有唯一根。用 2 阶收敛的 Newton 迭代：

$$\begin{cases} x_0=1.5 \\ x_{k+1}=x_k-\dfrac{[(x_k+2)x_k+10]x_k-20}{(3x_k+4)x_k+10} \end{cases} (k=0, 1, \cdots)$$

取 $x_0=1.5$，计算可得 $x_1=1.373\ 626\ 373$，$x_2=1.368\ 814\ 819$，$x_3=1.368\ 808\ 107$，即三次迭代已得 Leonardo 计算的结果。

2.10 方程的根为 1.5857，方法略。

2.11 (1) $\varphi(x)=\ln 3x^2$ 满足收敛定理的两个条件：迭代计算有 $x_0=1.5$，$x_1=3.604\ 14$，…，$x_{15}=3.733\ 06$，$x_{16}=3.733\ 07$，满足误差要求，取 $x^*\approx 3.7331$。

(2) 按 Aitken-Steffensen 迭代计算有

$x_0=1.5$ $\quad y_0=3.604\ 14$ $\quad z_0=3.662\ 78$

$x_1=3.738\ 35$ $\quad y_1=3.735\ 90$ $\quad z_1=3.734\ 59$

$x_2=3.733\ 08$

已达到要求，取 $x^*\approx 3.7331$，只用计算 4 次 φ 值。

比较(1)和(2)两种迭代法的迭代次数发现，方法(2)需要的迭代次数更少。

2.12 1.8794。

2.13 (1) 证明：迭代函数 $\varphi=4+\frac{2}{3}\cos x$，

对 $\forall x_0\in R$ 有

$$-\infty < 3 \leqslant \varphi(x) \leqslant 5 < +\infty$$

又因 $\varphi' = -\dfrac{2}{3}\sin x$，$L = \max\limits_{-\infty<x<\infty} |\varphi'(x)| = \dfrac{2}{3} < 1$，故迭代公式满足收敛定理。

（2）按定义，由 $\lim\limits_{k\to\infty} \dfrac{x^* - x_{k+1}}{x^* - x_k} = \lim\limits_{k\to\infty} \dfrac{\varphi(x^*) - \varphi(x_k)}{x^* - x_k} = \varphi'(x^*) = -\dfrac{2}{3}\sin x^* \neq 0$ 可知，迭代线性收敛。

（3）$x^* = 0.347$。

2.14　迭代函数 $\varphi(x) = x - \lambda f(x)$，$\varphi'(x) = 1 - \lambda f'(x)$，已知 $0 < m \leqslant f'(x) \leqslant M < \dfrac{2}{\lambda}$，有 $0 < \lambda f'(x) < 2$，所以 $|\varphi'(x)| < 1$，即迭代过程收敛。

2.15　1.466。

2.16　1.352 044 211 500 06。

2.17　采用数学归纳法证明，证明过程略。

2.18　$P(x) = x^3 - x^2 + x$。

2.19　若 $x_0 = -5$，$x_{10} = 5$，则步长 $h = 1$，$x_i = x_0 + ih$，$i = 0, 1, \cdots, 10$ 在区间 $[x_i, x_{i+1}]$ 上，分段线性插值函数为

$$I_h(x) = \frac{x - x_{i+1}}{x_i - x_{i+1}} f(x_i) + \frac{x - x_i}{x_{i+1} - x_i} f(x_{i+1}) = (x_{i+1} - x)\frac{1}{1 + x_i^2} + (x - x_i)\frac{1}{1 + x_{i+1}^2}$$

各节点间中点处的 $I_h(x)$ 与 $f(x)$ 的计算如下：

当 $x = \pm 4.5$ 时，$f(x) = 0.0471$，$I_h(x) = 0.0486$；

当 $x = \pm 3.5$ 时，$f(x) = 0.0755$，$I_h(x) = 0.0794$；

当 $x = \pm 2.5$ 时，$f(x) = 0.1379$，$I_h(x) = 0.1500$；

当 $x = \pm 1.5$ 时，$f(x) = 0.3077$，$I_h(x) = 0.3500$；

当 $x = \pm 0.5$ 时，$f(x) = 0.8000$，$I_h(x) = 0.7500$。

误差估计：$\max\limits_{x_i \leqslant x \leqslant x_{i+1}} |f(x) - I_h(x)| \leqslant \dfrac{n}{8} \max\limits_{-5 \leqslant x \leqslant 5} |f''(\xi)|$，由 $f(x) = \dfrac{1}{1 + x^2}$ 得

$$f'(x) = \frac{-2x}{(1 + x^2)^2},\ f''(x) = \frac{6x^2 - 2}{(1 + x^2)^3},\ f'''(x) = \frac{24x - 24x^3}{(1 + x^2)^4}$$

令 $f''(x) = 0$，得驻点 $x_{1,2} = \pm 1$ 和 $x_3 = 0$

$$f''(x_{1,2}) = \frac{1}{2},\ f''(x_3) = -2$$

$$\max_{-5 \leqslant x \leqslant 5} |f(x) - I_h(x)| \leqslant \frac{1}{4}$$

习　题　3

3.1　$\boldsymbol{x} = (1.3265, -1.5714, -0.6327)^{\mathrm{T}}$。

3.2　方程等价于 $\begin{pmatrix} 1 & 2 & 3 \\ 0 & 1 & 2 \\ 2 & 4 & 1 \end{pmatrix} \begin{pmatrix} x_1 \\ x_2 \\ x_2 \end{pmatrix} = \begin{pmatrix} 14 \\ 8 \\ 13 \end{pmatrix}$

$$\begin{pmatrix}1&2&3&14\\0&1&2&8\\2&4&1&13\end{pmatrix}\to\begin{pmatrix}1&2&3&14\\0&1&2&8\\0&0&1&3\end{pmatrix}\to\begin{pmatrix}1&0&0&1\\0&1&0&2\\0&0&1&3\end{pmatrix}$$

因此，$\boldsymbol{x}=(1,\ 2,\ 3)^{\mathrm{T}}$。

3.3 $\boldsymbol{x}=(1,\ 2,\ 3)^{\mathrm{T}}$。

3.4 $\boldsymbol{L}=\begin{bmatrix}1&0&0&0&0\\1&1&0&0&0\\0&1&1&0&0\\0&0&\frac{1}{2}&1&0\\0&0&0&\frac{2}{7}&1\end{bmatrix}$，$\boldsymbol{D}=\begin{bmatrix}1&0&0&0&0\\0&1&0&0&0\\0&0&2&0&0\\0&0&0&\frac{7}{2}&0\\0&0&0&0&\frac{33}{7}\end{bmatrix}$

3.5 (1) $\boldsymbol{U}=\begin{pmatrix}-3&0&3\\0&-1&3\\0&0&-4\end{pmatrix}$，$\boldsymbol{M}=\begin{bmatrix}1&0&0\\1&1&0\\\frac{4}{3}&0&1\end{bmatrix}$

(2) 在(1)中确定了$\boldsymbol{U}$，由于$\boldsymbol{A}=\boldsymbol{LU}$，得$\boldsymbol{L}=\boldsymbol{A}\cdot\boldsymbol{U}^{-1}$

计算$\boldsymbol{U}$的逆矩阵：

$$\boldsymbol{U}^{-1}=\begin{bmatrix}-\frac{1}{3}&0&-\frac{3}{4}\\0&-1&\frac{3}{4}\\0&0&-\frac{1}{4}\end{bmatrix}$$

有 $\boldsymbol{L}=\boldsymbol{A}\cdot\boldsymbol{U}^{-1}=\begin{pmatrix}-3&0&3\\0&-1&3\\-1&3&0\end{pmatrix}\cdot\begin{bmatrix}-\frac{1}{3}&0&-\frac{3}{4}\\0&-1&\frac{3}{4}\\0&0&-\frac{1}{4}\end{bmatrix}=\begin{pmatrix}1&0&0\\0&1&0\\1&-3&1\end{pmatrix}$

证明：计算$\boldsymbol{M}$的逆矩阵

$$\boldsymbol{M}^{-1}=\begin{bmatrix}1&0&0\\-1&1&0\\-\frac{4}{3}&0&1\end{bmatrix}$$

因此，$\boldsymbol{L}=\boldsymbol{M}^{-1}$ 成立。

3.6 $\boldsymbol{x}=(0.2667,\ 0.0667,\ 0.5000)^{\mathrm{T}}$

3.7 $\boldsymbol{x}=(0.3303,\ 0.6515,\ 0.9274,\ 0.9855)^{\mathrm{T}}$

3.8 证明：先证必要性，若顺序 Gauss 消去法是可行的，则可进行消去法的$k-1$步。由于$\boldsymbol{A}^{(n)}$是由$\boldsymbol{A}$逐行实行初等变换得到的，故有

$$D_i = \begin{vmatrix} a_{11} & a_{12} & \cdots & a_{1i} \\ a_{21} & a_{22} & \cdots & a_{2i} \\ \vdots & \vdots & \ddots & \vdots \\ a_{n1} & a_2 & \cdots & a_{ii} \end{vmatrix} = a_{11}^{(1)} a_{22}^{(2)} \cdots a_{kk}^{(k)} \neq 0,\ k=1,\ 2,\ \cdots$$

再证充分性，用归纳法证明，当 $k=1$ 时显然成立。设命题对 $k-1$ 成立，现设 $D_1 \neq 0$，…，$D_{k-1} \neq 0$，$D_k \neq 0$ 由归纳法假设有 $a_{11}^{(1)} \neq 0$，…，$a_{k-1,k-1}^{(k-1)} \neq 0$。因此，消去法可以进行第 $k-1$ 步，$\boldsymbol{A}$ 约化为

$$\boldsymbol{A}^{(k)} = \begin{pmatrix} \boldsymbol{A}_{11}^{(k-1)} & \boldsymbol{A}_{12}^{(k-1)} \\ & \boldsymbol{A}_{22}^{(k)} \end{pmatrix}$$

其中，$\boldsymbol{A}_{11}^{(k-1)}$ 是对角元为 $a_{11}^{(1)}$，…，$a_{k-1,k-1}^{(k-1)}$ 的上三角矩阵，因$\boldsymbol{A}^{(k)}$是通过行初等变换由 $\boldsymbol{A}$ 逐步得到的，故 $\boldsymbol{A}$ 的 k 阶顺序主子式与$\boldsymbol{A}^{(k)}$的 k 阶顺序主子式相等，即

$$D_k = \det\begin{pmatrix} \boldsymbol{A}_{11}^{(k-1)} & \boldsymbol{A}_{12}^{(k-1)} \\ & a_{kk}^{(k)} \end{pmatrix} = a_{11}^{(1)} \cdots a_{k-1,k-1}^{(k-1)} a_{kk}^{(k)}$$

故由 $D_k \neq 0$ 及归纳假设法可以推出 $a_{kk}^{(k)} \neq 0$。

3.9 令 $\boldsymbol{A} = \begin{pmatrix} 0 & 1 \\ 1 & 0 \end{pmatrix}$，则 $|\boldsymbol{A}| = -1 \neq 0$。

若 $\begin{bmatrix} 0 & 1 \\ 1 & 0 \end{bmatrix} = \begin{bmatrix} 1 & 0 \\ a & 1 \end{bmatrix} \begin{bmatrix} b & d \\ 0 & c \end{bmatrix}$

则 $b=0$，$ab=1$，矛盾。因此 $\boldsymbol{A}$ 不存在 LU 分解。

3.10 略

3.11 第 k 步循环进行 k 次，共进行$\dfrac{n(n+1)}{2}$次乘除法。

3.12 矩阵 $\boldsymbol{A}$ 对应的因子矩阵为

$$\boldsymbol{L} = \begin{pmatrix} 1 & 0 & 0 \\ \frac{2}{3} & 1 & 0 \\ \frac{1}{3} & \frac{1}{2} & 1 \end{pmatrix},\ \boldsymbol{U} = \begin{pmatrix} 3 & 5 & 6 \\ 0 & \frac{2}{3} & 1 \\ 0 & 0 & \frac{1}{2} \end{pmatrix},\ \boldsymbol{P} = \begin{pmatrix} 0 & 0 & 1 \\ 0 & 1 & 0 \\ 1 & 0 & 0 \end{pmatrix}$$

3.13 设有分解

$$\begin{pmatrix} 2 & -1 & 0 & 0 & 0 \\ -1 & 2 & -1 & 0 & 0 \\ 0 & -1 & 2 & -1 & 0 \\ 0 & 0 & -1 & 2 & -1 \\ 0 & 0 & 0 & -1 & 2 \end{pmatrix} = \begin{pmatrix} \alpha_1 & 0 & 0 & 0 & 0 \\ -1 & \alpha_2 & 0 & 0 & 0 \\ 0 & -1 & \alpha_3 & 0 & 0 \\ 0 & 0 & -1 & \alpha_4 & 0 \\ 0 & 0 & 0 & 1 & \alpha_5 \end{pmatrix} \begin{pmatrix} 1 & \beta_1 & 0 & 0 & 0 \\ 0 & 1 & \beta_2 & 0 & 0 \\ 0 & 0 & 1 & \beta_3 & 0 \\ 0 & 0 & 0 & 1 & \beta_4 \\ 0 & 0 & 0 & 0 & 1 \end{pmatrix}$$

则有

$$\alpha_1 = 2,\ \alpha_2 = \frac{3}{2},\ \alpha_3 = \frac{4}{3},\ \alpha_4 = \frac{5}{4},\ \alpha_5 = \frac{6}{5}$$

$$\beta_1 = -\frac{1}{2},\ \beta_2 = -\frac{2}{3},\ \beta_3 = -\frac{3}{4},\ \beta_4 = -\frac{4}{5}$$

由 $\begin{pmatrix} 1 & -\frac{1}{2} & 0 & 0 & 0 \\ 0 & 1 & -\frac{2}{3} & 0 & 0 \\ 0 & 0 & 1 & -\frac{3}{4} & 0 \\ 0 & 0 & 0 & 1 & -\frac{4}{5} \\ 0 & 0 & 0 & 0 & 1 \end{pmatrix}\begin{pmatrix} x_1 \\ x_2 \\ x_3 \\ x_4 \\ x_5 \end{pmatrix}=\begin{pmatrix} 1 \\ 0 \\ 0 \\ 0 \\ 0 \end{pmatrix}$ 得 $x_1=\frac{1}{6}$，$x_2=\frac{1}{3}$，$x_3=\frac{1}{2}$，$x_4=\frac{2}{3}$，$x_5=\frac{5}{6}$

由 $\begin{pmatrix} 2 & 0 & 0 & 0 & 0 \\ -1 & \frac{3}{2} & 0 & 0 & 0 \\ 0 & -1 & \frac{4}{3} & 0 & 0 \\ 0 & 0 & -1 & \frac{5}{4} & 0 \\ 0 & 0 & 0 & -1 & \frac{6}{5} \end{pmatrix}\begin{pmatrix} y_1 \\ y_2 \\ y_3 \\ y_4 \\ y_5 \end{pmatrix}=\begin{pmatrix} 1 \\ 0 \\ 0 \\ 0 \\ 0 \end{pmatrix}$ 得 $y_1=\frac{1}{2}$，$y_2=\frac{1}{3}$，$y_3=\frac{1}{4}$，$y_4=\frac{1}{5}$，$y_5=\frac{1}{6}$

3.14 $\boldsymbol{A}$ 中 $\Delta_2=0$，故不能分解，但 $\det(a)=-10\neq 0$，故若将 $\boldsymbol{A}$ 中的第一行与第三行交换，则可以分解，且分解唯一。

$\boldsymbol{B}$ 中 $\Delta_2=\Delta_3=0$，但它仍可以分解为

$$\boldsymbol{B}=\begin{pmatrix} 1 & 0 & 0 \\ 2 & 1 & 0 \\ 3 & l_{32} & 1 \end{pmatrix}\begin{pmatrix} 1 & 1 & 1 \\ 0 & 0 & -1 \\ 0 & l_{32} & -2 \end{pmatrix}$$

其中，l_{32} 为一任意常数，且 $\boldsymbol{U}$ 奇异，故分解不唯一。

习　题　4

4.1　$\|\boldsymbol{x}\|_\infty=3$，$\|\boldsymbol{A}\|_2=2\sqrt{5}$，$\|\boldsymbol{Ax}\|_1=19$。

4.2　Jacobi：$n=14$，$\boldsymbol{x}=[1.1,\ 1.2,\ 1.3]^{\mathrm{T}}$；Gauss-Seidel：$n=9$，$\boldsymbol{x}=[1.1,\ 1.2,\ 1.3]^{\mathrm{T}}$。

4.3　(1) Jacobi 迭代法：$\boldsymbol{x}_0$ 为初始向量，$\boldsymbol{x}_{k+1}=\boldsymbol{D}^{-1}[\boldsymbol{b}-(\boldsymbol{L}+\boldsymbol{U})x_k]$，$k=0, 1, 2, \cdots$

Gauss-Seidel 迭代法：$\boldsymbol{x}_0$ 为初始向量，$\boldsymbol{x}_{k+1}=\boldsymbol{D}^{-1}(\boldsymbol{b}-\boldsymbol{U}\boldsymbol{x}_k-\boldsymbol{L}\boldsymbol{x}_k)$，$k=0, 1, 2, \cdots$

(2) 只要系数矩阵严格对角占优，两种迭代方法都收敛，只与系数矩阵有关。

4.4　Jacobi 迭代法：

$$\boldsymbol{J}=\boldsymbol{D}^{-1}|\boldsymbol{L}+\boldsymbol{U}|=\begin{pmatrix} 1 & 0 & 0 \\ 0 & 1 & 0 \\ 0 & 0 & 1 \end{pmatrix}\begin{pmatrix} 0 & 2 & -2 \\ 1 & 0 & 1 \\ 2 & 2 & 0 \end{pmatrix}=\begin{pmatrix} 0 & 2 & -2 \\ 0 & 2 & -1 \\ 2 & 2 & 0 \end{pmatrix}$$

因 $\rho|\boldsymbol{J}|<1$，故收敛。

Gauss-Seidel 迭代法：

$$\boldsymbol{J}=|\boldsymbol{D}-\boldsymbol{L}|^{-1}\boldsymbol{U}=\begin{pmatrix}1&0&0\\1&1&0\\4&2&1\end{pmatrix}\begin{pmatrix}0&2&-2\\0&2&-1\\0&0&0\end{pmatrix}=\begin{pmatrix}0&2&-2\\0&2&-1\\0&8&-6\end{pmatrix}$$

因 $\rho|\boldsymbol{J}|>1$，故发散。

4.5 $n=3$，$\boldsymbol{x}=[1;1;-1]$。

4.6 $\omega=1.00$ 时，$\boldsymbol{x}=[0.5000;1.0000;-0.5000]$，$n=6$；

$\omega=1.03$ 时，$\boldsymbol{x}=[0.5000;1.0000;-0.5000]$，$n=5$；

$\omega=1.10$ 时，$\boldsymbol{x}=[0.5000;1.0000;-0.5000]$，$n=6$。

4.7 证明：

(1) Jacobi 迭代矩阵的特征方程为

$$\begin{vmatrix}\lambda&0.5&0.5\\0.5&\lambda&0.5\\0.5&0.5&\lambda\end{vmatrix}=0\Rightarrow\left(\lambda-\frac{1}{2}\right)^2(\lambda+1)=0$$

解得 $\lambda_1=\frac{1}{2}\lambda_2=\frac{1}{2}\lambda_3=-1$。

因 $\rho(\boldsymbol{B}_J)=1$，则 Jacobi 迭代发散。

(2) 显然 $\boldsymbol{A}$ 是对称矩阵，$|\boldsymbol{A}_1|=|\boldsymbol{1}|>0$，$|\boldsymbol{A}_2|=\begin{vmatrix}1&0.5\\0.5&1\end{vmatrix}=0.75>0$，

则 $|\boldsymbol{A}|=\begin{vmatrix}1&0.5&0.5\\0.5&1&0.5\\0.5&0.5&1\end{vmatrix}=0.5>0$。

因 $\boldsymbol{A}$ 为对称正定矩阵，故 Gauss-Seidel 迭代收敛。

4.8 $\boldsymbol{x}^{(k+1)}=\dfrac{\boldsymbol{U}^2}{(\boldsymbol{D}-\boldsymbol{L})^2}\boldsymbol{x}^{(k)}+\dfrac{(\boldsymbol{U}+\boldsymbol{d}-\boldsymbol{l})}{(\boldsymbol{D}-\boldsymbol{L})^2}\boldsymbol{b}$。

4.9 取 $0<\alpha<1$ 时，迭代收敛；当 $\alpha=\frac{2}{5}$ 时，迭代收敛最快。

4.10 略。

4.11 根据子范数定义 $\|\boldsymbol{A}\|=\max\limits_{x\neq 0}\dfrac{\|\boldsymbol{A}x\|}{\|x\|}$，对于 $\|\boldsymbol{A}^{-1}\|\geqslant\|\boldsymbol{A}\|^{-1}$，有 $1=\|\boldsymbol{E}\|=\|\boldsymbol{A}\boldsymbol{A}^{-1}\|\leqslant\|\boldsymbol{A}\|\|\boldsymbol{A}^{-1}\|$，因此 $\|\boldsymbol{A}^{-1}\|\geqslant\|\boldsymbol{A}\|^{-1}$ 的结论成立。

4.12 Jacobi 迭代法谱半径 $\rho(\boldsymbol{B})=\sqrt{\left|\dfrac{a_{12}a_{21}}{a_{11}a_{22}}\right|}$；Gauss-Seide 迭代法谱半径 $\rho(\boldsymbol{G})=\left|\dfrac{a_{12}a_{21}}{a_{11}a_{22}}\right|$。

由于 $\rho^2(\boldsymbol{B})=\rho(\boldsymbol{G})$，故该方程组的 Jacobi 迭代法和 Gauss-Seidel 迭代法同时收敛或同时发散。

4.13 (1) 矩阵 $\boldsymbol{A}$ 的各阶顺序主子式为 $D_1=1$，$D_2=1-\alpha^2$，$D_3=\det(\boldsymbol{A})=(\alpha-1)^2(2\alpha+1)$，$-0.5<a<1$，可以推出 $D_2>0$，$D_3>0$，因此当 $-0.5<a<1$ 时 $\boldsymbol{A}$ 是正定的。

(2) 当$-0.5<a<0.5$时，矩阵$\boldsymbol{A}$是严格对角占优的，也可以推出雅可比迭代收敛。

4.14　经过17步迭代，得到解为$(-4.000\,02\quad 3.000\,000\quad 2.000\,000)^{\mathrm{T}}$。

4.15　经过8步迭代，得到解为$(-4.000\,02\quad 3.000\,000\quad 2.000\,000)^{\mathrm{T}}$

4.16　$-1<a<1$。

4.17　证明：
$$\|\boldsymbol{A}^{-1}\|_\infty=\max_{\boldsymbol{x}\neq\boldsymbol{0}}\frac{\|\boldsymbol{A}^{-1}\boldsymbol{x}\|_\infty}{\|\boldsymbol{x}\|_\infty}=\max_{\boldsymbol{y}\neq\boldsymbol{0}}\frac{\|\boldsymbol{y}\|_\infty}{\|\boldsymbol{A}\boldsymbol{y}\|_\infty}(\boldsymbol{A}^{-1}\boldsymbol{x}=\boldsymbol{y})=\max_{\boldsymbol{y}\neq\boldsymbol{0}}\frac{\dfrac{1}{\|\boldsymbol{A}\boldsymbol{y}\|_\infty}}{\dfrac{1}{\|\boldsymbol{y}\|_\infty}}$$

故

$$\frac{1}{\|\boldsymbol{A}^{-1}\|_\infty}=\min_{\boldsymbol{y}\neq\boldsymbol{0}}\frac{\|\boldsymbol{A}\boldsymbol{y}\|_\infty}{\|\boldsymbol{y}\|_\infty}$$

习　题　5

5.1　Lagrange型和Newton型的插值多项式均为$P(x)=-\frac{1}{4}x^3+\frac{4}{3}x^2+\frac{3}{4}x$。

5.2　$y=\frac{[x*(x-1)*(x-3)]}{12}-\frac{[x*(x-1)]}{6}-\frac{[x*(x-1)*(x-3)*(x-5)]}{36}+1$。

5.3　$f[x_0,\ x_1,\ \cdots,\ x_{100}]=1$，$f[x_0,\ x_1,\ \cdots,\ x_{101}]=0$。

5.4　$p_3(x)=(x-0)(x-1)(2x-1)$。

5.5　$S(x)=-\frac{3}{8}x^3+\frac{11}{8}x^2$。

5.6

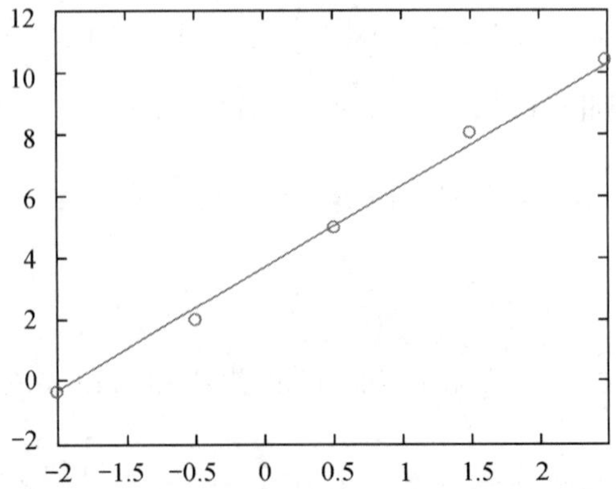

5.7

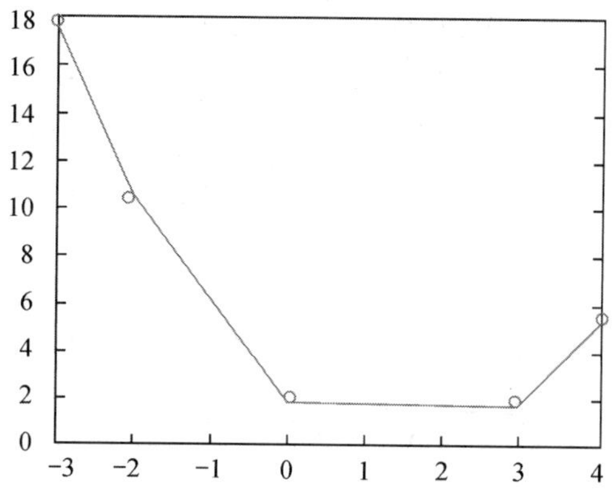

5.8 令 $F(x)=\begin{vmatrix} 1 & x_0 & x_0^2 & \cdots & x_0^{n-1} & f(x_0) \\ 1 & x_1 & x_1^2 & \cdots & x_1^{n-1} & f(x_1) \\ \vdots & \vdots & \vdots & \ddots & \vdots & \vdots \\ 1 & x_n & x_n^2 & \cdots & x_n^{n-1} & f(x_n) \end{vmatrix}$，则 $F(x)$ 在 $[a,b]$ 上连续，在 (a,b) 上有 n 阶导数，且 $F^n(x)=a_n f^n(x)$，其中，$a_n=(-1)^{n+2}f[x_0, x_1, \cdots, x_n]$，$f[x_0, x_1, \cdots, x_n]$ 是范德蒙行列式。再令 $\lambda=\dfrac{F(x)}{G(x)}$，使用罗尔定理即可证明原命题。

5.9 (1) 设计 $f(x)=x^m$，则当 $m=0, 1, \cdots, n$ 时，$f^{(n+1)}(x)=0$。因此，$f(x)$ 的 n 次插值多项式 $L_n(x)$ 的插值余项 $R_n(x)=0$，即有 $L_n(x)=f(x)$，此即 $\sum\limits_{k=0}^{n} x_k^m l_k(x)=x^m$，$m=0, 1, \cdots, n$。

(2) 在(1)中，当 $m=0$ 时便得 $\sum\limits_{k=0}^{n} l_k(x)=1$。

5.10 0，−5。

5.11 $\Phi=\text{span}\{1, x^2\}$，$\varphi_0(x)=1$，$\varphi_1(x)=x^2$，因而 $(\varphi_0, \varphi_0)=5$，$(\varphi_1, \varphi_1)=7277699$，$(\varphi_0, \varphi_1)=(\varphi_1, \varphi_0)=5327$，$(\varphi_0, y)=271.4$，$(\varphi_1, y)=369\ 321.5$。

从而得到方程

$$\begin{cases} 5a+5327b=271.4 \\ 5327a+7277699b=369\ 321.5 \end{cases}$$

解得 $a=0.972\ 604\ 6$，$b=0.050\ 035\ 1$，所得经验公式为

$$y=0.972\ 604\ 6+0.0500351t^2$$

5.12 建立关于节点集 $\{-2, -1, 0, 1, 2\}$ 的正交多项式系，最佳平方逼近多项式：

$$\begin{aligned} P_2(x) &= \frac{(y, \varphi_0)}{(\varphi_0, \varphi_0)}\varphi_0+\frac{(y, \varphi_1)}{(\varphi_1, \varphi_1)}\varphi_1+\frac{(y, \varphi_2)}{(\varphi_2, \varphi_2)}\varphi_2 \\ &= \frac{4}{5}+\frac{0}{10}x+\frac{-6}{14}(x^2-2) \\ &= \frac{58}{35}-\frac{3}{7}x^2 \end{aligned}$$

上述多项式就是所要求的最小二乘拟合多项式，即有 $y=\frac{58}{35}-\frac{3}{7}x^2$。

5.13 $P(x)=\frac{3}{5}x$。

5.14 设采用节点 $a=x_0<x_1<\cdots<x_n=b$，定义 $h_i=x_{i+1}-x_i(0\leqslant i\leqslant n-1)$，在 $[x_i, x_{i+1}]$ 上的线性插值函数为

$$I_h^{(i)}(x)=f(x_i)\frac{x-x_{i+1}}{x_i-x_{i+1}}+f(x_{i+1})\frac{x-x_i}{x_{i+1}-x_i}$$
$$=\frac{x_i^2}{h_i}(x_{i+1}-x)+\frac{x_{i+1}^2}{h_i}(x_i-x)$$

分段线性插值函数 $I_h(x)=I_h^{(i)}(x)=\frac{x_i^2}{h_i}(x_{i+1}-x)+\frac{x_{i+1}^2}{h_i}(x_i-x)$

误差估计：

$$|f(x)-I_h^{(i)}(x)|=\left|\frac{1}{2!}f''(\xi)(x-x_i)(x-x_{i+1})\right|\leqslant\frac{1}{2}\times 2\times\left(\frac{h_i}{2}\right)^2=\frac{h_i^2}{4}$$

进而 $|f(x)-I_h(x)|\leqslant\max\limits_{0\leqslant i\leqslant n-1}\frac{h_i^2}{4}=\frac{h^2}{4}$。

5.15 设有节点 $a=x_0<x_1<\cdots<x_n=b$，步长 $h_i=x_i-x$，$h\overset{\text{def}}{=}\max\limits_{0\leqslant i\leqslant n-1}h_i$ 在区间 $[x_i, x_{i+1}]$ 上的 Hermite 插值为

$$I_h^{(i)}(x)=x_i^4\left(1-2\frac{x-x_i}{x_i-x_{i+1}}\right)\left(\frac{x-x_{i+1}}{x_i-x_{i+1}}\right)^2+4x_i^3(x-x_i)\left(\frac{x-x_{i+1}}{x_i-x_{i+1}}\right)^2+$$
$$x_{i+1}^4\left(1-2\frac{x-x_i}{x_{i+1}-x_i}\right)\left(\frac{x-x_i}{x_{i+1}-x_i}\right)^2+4x_i^3(x-x_{i+1})\left(\frac{x-x_i}{x_{i+1}-x_i}\right)^2$$

估计误差：

$$|f(x)-I_h^{(i)}(x)|=\left|\frac{1}{4!}f^{(4)}(\xi)(x-x_i)^2(x-x_{i+1})^2\right|\leqslant\frac{1}{24}\times 24\times\left(\frac{h_i}{2}\right)^4=\frac{h^4}{16}$$

进而 $|f(x)-I_h(x)|\leqslant\max\limits_{0\leqslant i\leqslant n-1}\frac{h_i^2}{16}=\frac{h^4}{16}$。

习 题 6

6.1 (1) $2x^2$；(2) $3x^3$；(3) $2x^2$。

6.2 (1) 1 次 (2) 2 次 (3) 1 次。

6.3 (1) 当 $f(x)=x^4$ 时，

$$I(f)=\int_a^b x^4\mathrm{d}x=\frac{b^5-a^5}{5}$$

而

$$S(f)=\frac{b-a}{6}\left[a^4+4\left(\frac{a+b}{2}\right)^4+b^4\right]\neq\frac{b^5-a^5}{5}=I(f)$$

因此 Simpson 公式具有 3 次代数精度。

(2) 验证 Cotes 公式对于 $f(x)=1$，x^2，x^3，x^4，x^5，$\int_a^b f(x)dx=C$ 均成立，但 $f(x)=x^6$ 时不成立。

6.4 梯形公式：1.2，Simpson 公式：2，Cotes 公式：0.79。

6.5 复合梯形公式：1.1，复合 Simpson 公式：0.87。

6.6 $\frac{1}{96}$。

6.7 0.6931。

6.8 向前差商公式：$f(1)=2$，$f(2)=-1$；

向后差商公式：$f(0)=2$，$f(1)=-1$；

中心差商公式：$f(1)=1$。

6.9 略。

6.10 $c=\frac{2}{3}$，$x_0=-\frac{1}{\sqrt{2}}$，$x_1=0$，$x_2=\frac{1}{\sqrt{2}}$。

6.11 证明对多项式 $P_{2n+2}(x)=\prod_{i=0}^{n}(x-x_i)^2=(x-x_0)^2(x-x_1)^2\cdots(x-x_n)^2$ 不能精确成立，过程略。

6.12 作变换 $x=\frac{3-1}{2}t+\frac{1+3}{2}=t+2$，则

$$\int_1^3 e^x \sin x\,dx=\int_{-1}^1 e^{t+2}\sin(t+2)\,dt$$

当 $n=1$ 时，

$$\int_1^3 e^x\sin x\,dx=1\times[f(-0.577\ 350\ 3)+f(0.577\ 350\ 3)]=11.1415$$

当 $n=2$ 时，

$$\begin{aligned}\int_1^3 e^x\sin x\,dx&=0.555\ 555\ 6\times[f(-0.774\ 596\ 7)+f(0.774\ 596\ 7)+f(0.774\ 596\ 7)]+\\&\quad 0.888\ 888\ 9\times f(0)\\&=10.948\ 402\ 6\end{aligned}$$

6.13 将区间 [1，3] 四等分，在每个小区间上用两点高斯公式，那么

$$I_1=\frac{1}{2}\int_{-1}^1\frac{dt}{2.5+0.5t}=0.5\times\frac{1}{2.5+0.5\times\left(-\frac{1}{\sqrt{3}}\right)+\frac{1}{2.5+0.5\times\left(\frac{1}{\sqrt{3}}\right)}}=0.405\ 405\ 4$$

$$I_2=\frac{1}{2}\int_{-1}^1\frac{dt}{3.5+0.5t}=0.5\times\frac{1}{3.5+0.5\times\left(-\frac{1}{\sqrt{3}}\right)+\frac{1}{3.5+0.5\times\left(\frac{1}{\sqrt{3}}\right)}}=0.287\ 671\ 2$$

$$I_3=\frac{1}{2}\int_{-1}^1\frac{dt}{4.5+0.5t}=0.5\times\frac{1}{4.5+0.5\times\left(-\frac{1}{\sqrt{3}}\right)+\frac{1}{4.5+0.5\times\left(\frac{1}{\sqrt{3}}\right)}}=0.223\ 140\ 5$$

$$I_4=\frac{1}{2}\int_{-1}^{1}\frac{dt}{5.5+0.5t}=0.5\times\frac{1}{5.5+0.5\times\left(-\frac{1}{\sqrt{3}}\right)+\frac{1}{5.5+0.5\times\left(\frac{1}{\sqrt{3}}\right)}}=0.182\ 320\ 4$$

故 $\int_1^3\frac{dt}{y}=\int_1^{1.5}\frac{dt}{y}+\int_{1.5}^{2}\frac{dt}{y}+\int_2^{2.5}\frac{dt}{y}+\int_{2.5}^{3}\frac{dt}{y}=1.098\ 537\ 6$。

6.16　由 $\sin x=\pi-\frac{x^3}{3!}+\frac{x^5}{5!}-\cdots$，有 $n\sin\frac{\pi}{n}=\pi-\frac{\pi^3}{3!n^2}+\frac{\pi^5}{5!n^4}-\cdots$

由于 $\lim\limits_{n\to\infty}n\cdot\sin\frac{\pi}{n}=\pi$，用外推算法，令 $T(h)=\frac{1}{h}\sin\pi h$，

则

$$T\left(\frac{1}{3}\right)=2.598\ 08,\ T\left(\frac{1}{6}\right)=3,\ T\left(\frac{1}{12}\right)=3.105\ 83$$

$$T_1\left(\frac{1}{3}\right)=\frac{4}{3}T\left(\frac{1}{6}\right)-\frac{1}{3}T\left(\frac{1}{3}\right)=3.133\ 97,\ T_1\left(\frac{1}{6}\right)=\frac{4}{3}T\left(\frac{1}{12}\right)-\frac{1}{3}T\left(\frac{1}{6}\right)=3.141\ 11$$

$$T_2\left(\frac{1}{3}\right)=\frac{16}{15}T_1\left(\frac{1}{6}\right)-\frac{1}{15}T_1\left(\frac{1}{3}\right)=3.141\ 59$$

近似值为 3.141 59。

习　题　7

7.1　(1)　$y_{n+1}=y_n+0.2(x_n^2-y_n^2)$；

(2)　$y_{n+1}=y_n+0.1\left[\left(\frac{x_n}{y_n}\right)^2+\frac{y_n}{x_n}\right]$。

7.2　$y_{n+1}=0.8y_n-0.2x_ny_n^2$；

$y(0.2)\approx y_1=0.8$，$y(0.4)\approx y_2=0.5888$，$y(0.6)\approx y_3=0.3305$。

7.3　(1)　$y_n=\frac{1}{2}ax_nx_{n+1}+bx_n$；

(2) 证明略。

7.4　$y(1.2)\approx y_1=0.715\ 488$，$y(1.4)\approx y_2=0.526\ 11$。

7.5　2 阶：$y_{n+1}=1.22y_n+0.44x_n+0.04$；

4 阶：$y_{n+1}=1.22146y_n+0.44292x_n+0.042\ 92$。

7.6　$y(1.2)=2.307\ 69$，$y(1.4)=2.473\ 37$，$y(1.6)=2.562\ 58$，$y(1.8)=2.610\ 62$，$y(2.0)=2.636\ 49$。

7.7

x_n	0	0.2	0.4	0.6	0.8	1.0
y_n	1	1.2428	1.583 636	2.044 213	2.651 042	3.436 502
$y(x_n)$	1	1.242 806	1.583 649	2.044 238	2.651 082	3.436 564

7.8　$y(0.2)=1.727\ 548\ 2$，$y(0.4)=2.742\ 951\ 3$，$y(0.6)=4.094\ 181\ 4$，$y(1.8)=5.829\ 210\ 7$，$y(2.0)=7.996\ 012\ 1$。

7.9　(1) 由经典 Runge-Kutta 公式得

$$\begin{cases} y_{n+1}=y_n+\dfrac{h}{6}(k_1+2k_2+3k_3+k_4) \\ k_1=f(x_n, y_n)=8-3y_n \\ k_2=f\left(x_n+\dfrac{h}{2}, y_n+\dfrac{1}{2}hk_1\right)=5.6-2.1y_n \\ k_3=f\left(x_n+\dfrac{h}{2}, y_n+\dfrac{1}{2}hk_2\right)=6.32-2.37y_n \\ k_4=f(x_n+h, y_n+hk_3)=4.208-1.578y_n \end{cases}$$

故 $y_{n+1}=1.2016+0.5494y_n$，$y(0)=y_0=2$。

(2) 计算得

$$y(0.2)\approx y_1=2.3004,\ y(0.4)\approx y_2=2.4654$$

7.10　将 $f(x_n, y_n)$在点(x_{n+1}, y_{n+1})处展开成泰勒级数得

$$f(x_n, y_n)=f(x_{n+1}, y_{n+1})+hf'(x_{n+1}, y_{n+1})+O(h^2)$$

将上式代入隐式单步法中得

$$\begin{aligned} y_{n+1} &= y_n+\frac{h}{6}[4f(x_n, y_n)+2f(x_{n+1}, y_{n+1})+hf'(x_n, y_n)] \\ &= y_n+\frac{h}{6}[4f(x_{n+1}, y_{n+1})+2hf'(x_{n+1}, y_{n+1})+2hf'(x_{n+1}, y_{n+1})+ \\ &\quad hf'(x_n, y_n)]+O(h^4) \end{aligned}$$

7.11　(1) 推导过程略；

(2) 2 阶。

7.12　二阶泰勒展开公式为

$$y(x_{n+1})=y(x_n)+y'(x_n)h+\frac{y''(x_n)}{2!}h^2+O(h^3)$$

将 $y'=x^2+y^2$，$y''=2x+2y(x^2+y^2)$代入上式并略去最高项 $O(h^3)$，得求解公式

$$y_{n+1}=y_n+h(x^2+y^2)+\frac{h^2}{2}[2x_n+2y_n(x^2+y^2)]$$

由 $y(1)=1$，计算得

$$y(1.25)\approx y_1=1.6875,\ y(1.50)\approx y_2=3.333\ 298$$

7.13　二阶中点公式为

$$\begin{cases} y_{(n+1)}=y_n+hK_2 \\ K_1=f(x_n, y_n) \\ K_2=f\left(x_n+\dfrac{h}{2}, y_n+\dfrac{h}{2}K_1\right) \end{cases}$$

将 $f(x, y)=x+y^2$ 及 $y(0)=1$ 代入上式计算：

当 $n=0$ 时，$K_1=1.000\ 00$，$K_2=1.200\ 00$，$y(0.2)\approx y_1=1.240\ 00$；

当 $n=1$ 时，$K_1=1.737\ 60$，$K_2=2.298\ 72$，$y(0.4)\approx y_1=1.699\ 74$。

7.14　提示：本题利用中点公式求解。

7.15　用 Euler 法求解题中初值问题，当 $\lambda h=-100h$ 满足

$$|1+(-100h)|<1$$

时绝对稳定，即当 $0<h<0.02$ 时欧拉法绝对稳定。

7.16　$\alpha=9$。

主要参考文献

[1] 蔡大用. 数值分析与实验学习指导[M]. 北京：清华大学出版社，2001.

[2] 龚纯，王正林. 精通 MATLAB 最优化计算[M]. 北京：电子工业出版社，2009.

[3] 李庆扬，王能超，易大义. 数值分析[M]. 5 版. 北京：清华大学出版社，2008.

[4] 令锋，傅守忠，陈树敏，等. 数值计算方法[M]. 2 版. 北京：国防工业出版社，2015.

[5] 令锋，傅守忠，陈树敏，等. 数值计算方法复习与实验指导[M]. 2 版. 北京：国防工业出版社，2015.

[6] 吕同富，康兆敏，方秀男，等. 数值计算方法[M]. 2 版. 北京：清华大学出版社，2013.

[7] 马东升，董宁. 数值计算方法[M]. 3 版. 北京：机械工业出版社，2019.

[8] 马东升，董宁. 数值计算方法习题及习题解答[M]. 2 版. 北京：机械工业出版社，2018.

[9] 孙雨雷，冯君淑. 数值分析同步辅导及习题全解[M]. 5 版. 北京：中国水利水电出版社，2011.

[10] SAUERT. Numerical Analysis 2nd. [M]. Massachusetts：Addison Wesley Publishing Company，2013.

[11] 肖筱南. 数值计算方法与上机实习指导[M]. 北京：北京大学出版社，2004.

[12] 徐萃薇，孙绳武. 计算方法引论[M]. 4 版. 北京：高等教育出版社，2015.

[13] 喻文健. 数值分析与算法[M]. 3 版. 北京：清华大学出版社，2020.